URING 图灵新知

Inventions mathématiques
Jouer avec l'arithmétique et la géométrie

玩不够的数学

算术与几何的妙趣

[法]让-保罗·德拉耶———著 路遥———译

U0390307

人民邮电出版社

北 京

图书在版编目（CIP）数据

玩不够的数学：算术与几何的妙趣 ／（法）德拉耶
著；路遥译. -- 北京：人民邮电出版社，2015.12
（图灵新知）
ISBN 978-7-115-40564-7

Ⅰ. ①玩… Ⅱ. ①德… ②路… Ⅲ. ①数学－普及读
物 Ⅳ. ①O1-49

中国版本图书馆CIP数据核字(2015)第230725号

内 容 提 要

本书揭开趣味游戏、艺术设计和日常生活中的数学密码，通过新颖话题
和精美图示展现算术与几何中隐藏的妙趣，从最简单的数学原理走入算法的
精彩世界，展现算法破解数学谜题的无穷威力。本书适合所有数学爱好者阅读。

◆ 著 [法] 让-保罗·德拉耶
 译 路 遥
 责任编辑 傅志红
 执行编辑 戴 童
 责任印制 杨林杰
◆ 人民邮电出版社出版发行 北京市丰台区成寿寺路11号
 邮编 100164 电子邮件 315@ptpress.com.cn
 网址 http://www.ptpress.com.cn
 北京七彩京通数码快印有限公司印刷
◆ 开本：880×1230 1/32
 印张：7.625 2015年12月第 1 版
 字数：249千字 2024 年 11 月北京第 22 次印刷
 著作权合同登记号 图字：01-2015-1561号

定价：49.00元
读者服务热线：(010)84084456-6009 印装质量热线：(010)81055316
反盗版热线：(010)81055315
广告经营许可证：京东市监广登字 20170147 号

版 权 声 明

感谢菲利普·布朗热，
以及《为了科学》编辑团队，
没有他们，此书将无法面世。

序　言

　　声称自己不喜欢数学的人往往是在自欺欺人，这源于他们对"数学"一词的狭隘理解。

　　数学，意味着一切通过推理或计算破解谜题的历程，但是，单纯对问题抽象结构进行思考，也是数学的一部分。这是一个尤其崇尚自由创造的领域。你在下西洋跳棋或者国际象棋时，就是在处理数学问题。棋子的形状或棋盘的材质都不重要。当一场棋局被登载在专业报刊上时，唯一重要的是用符号代码记录下游戏的一般几何状态。若这个状态出现在未来的棋局中，而你已经知道如何锁定胜局，那你就一定能再次获胜。

　　物理学也经常可以转化成类似的游戏形式。计算机科学也是一样的，连法律也不例外，一些基本法律原则就起着几何公理的作用。人际交往中有时也包含着策略性的因素，将人与人之间的关系转化为数学游戏。

　　不过，我们在学校学到的显然不是这些无处不在、充满创意的数学。这不能不令人倍感遗憾，否则，也不会有这么多人宣称不喜欢数学，或者对数学一窍不通了。任何勤奋的人只要愿意在数学上稍稍投入一点精力，在研习经济模型、统计数据、生命科学等领域时会更加得心应手。无论做何事，若想追求完美与成功，都需要运用到数学。数学能激发想象力和创造力，是拓展新知的最佳原动力。

　　本书前两章将介绍有限或无穷不可能图形，向读者举例说明数学可以既没有复杂公式也没有严密推理。的确，我们讲的是抽象形状与几何学，甚至在插图中给出了定理。但是，所有人都能理解主题，并从这些奇怪的图像中找到乐趣，无一例外。乍一看可能的图形，仔细看却显得不可实现，再次端详，努力忽略"视觉反射"后，最终才能看出端倪。

　　传说来自中国的七巧板能让四岁孩子爱不释手，魔方、垒砖块、切披萨、视觉编码、独特质数、蜥蜴数列……让人着迷，引发惊人的智力成就。数学探险中的趣题将向你一章一章地展开。这些主题出自《为了科学》杂志每月刊登的《逻辑与计算》专栏，内容彼此独立，你可以随意选取阅读。这些文章会让你了解广义上的数学世界，这也是数学的本来样貌。你将会看到数学如何带来乐趣、激发智慧、鼓励创造。

在本质上，数学世界是永恒且不随时间变化的：我们今天所讲的内容，若不包含错误，在一个世纪或千年之后还会被重复宣讲。然而，人类的知识在不断进步，即便在趣味课题方面，也不断有新的发现。数学有着惊人的生命力，新的想法一刻不停地涌现，并逐渐走向成熟。比如，人们也是刚刚才知道20步就可以还原一个颇为杂乱的魔方，刚刚才知道砖块堆叠能产生多大的最大悬空。

充满活力与趣味，供所有人之用，引发万千赞叹——对于愿意打开眼界和思维的人，这便是数学。

让－保罗·德拉耶

目　　录

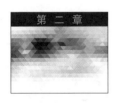
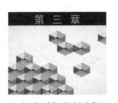
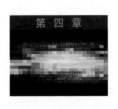

第一章

平面上的几何艺术

人们往往从悖论中获得思维的乐趣，而几何学的悖论就是不可能图形。如今我们已创造出数千种这样的二维图像，不断挑战我们的眼睛和思维。三角形、披萨饼、七巧板也蕴藏着无穷的变化和巧妙的发现。

不可能！你确信吗？

　　人们从透视错觉得来灵感，创造了神秘的"不可能图形"。人类的视觉系统让我们觉得这样的图形很奇怪。然而这些图形确实是可行的，并为我们带来双重乐趣——先是惊奇，然后理解。

　　亚历山大·马赛，1829 年生于法国坎佩尔。他在 1872 年发明了四眼纽扣的系衣服方法。相比其前身两眼纽扣，这个极其简单的物件具备不会因旋转而滑动的优点。四眼纽扣曾让其天才发明者变得富有，如今仍以数千亿的数量出现在一半以上的服装上。你也一定拥有几件配有四眼纽扣的衣服。然而，四眼纽扣也许应当早 1000 年就出现，甚至在古代就该问世。想象一下颇为有趣：伟大的亚里士多德或许忽略了这枚纽扣的存在，而他的生活质量本可以因此改善。

　　自行车、四色定理、整数和一条直线上的点之间双射的不可能性、康威生命游戏、便利贴、不可能图形，都是近来一些颇为简单的创意。很难解释它们为何这么晚才闪现在人类的脑海中。这些发现让人不禁自问，我们今天是不是也对身旁的一些想法视而不见——而我们的后代也许会对我们的盲目难以理解。

罗特斯维尔德，别无他人！

　　不可能图形及其无穷的变化带我们从心理学迈入奇幻艺术与数学的世界，最终来到计算机图形学领域。最近的一些研究成果既展示了人们对不可能图形更深入的理解，也暴露出我们思维的欠缺。

　　仔细找找，我们会在古代绘画和版画中发现不可能物体的蛛丝马迹（参见"不可能图形的先驱"）。然而，我们并不确定作者是否刻意留下这样的踪迹，还是仅仅出于对透视法则的无知、粗心或者错用。在威廉·贺加斯的版画或马塞尔·杜尚的不可能床中，图画是刻意为之，但离纯粹的构思还相去甚远，并且没有一个早期不可能图画脱离了现实世界。画中错乱的现实世界，似乎是制造错觉不可或缺的源泉。

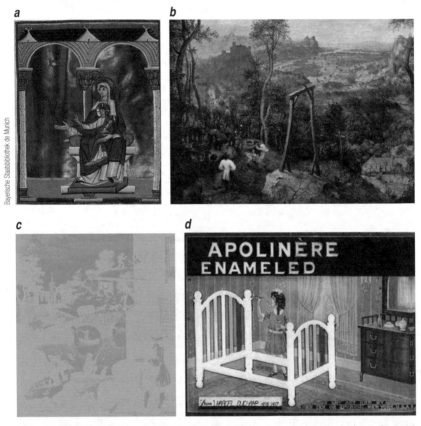

1 **不可能图形的先驱。** 法王亨利二世收藏的一本早于公元 1025 年的《圣经》选读中有一幅圣母像 (a)，画像中装饰柱的位置不合常理。我们可以认为这个错误不是有意而为，而是源于对透视的理解不足。在勃鲁盖尔 1568 年的画作《绞刑架下的舞蹈》(b) 中央有一具几何形状很奇怪的悬架——到底是艺术家有意在作品中安放这个奇怪的物体，还是在悬架透视效果上出了差错呢？威廉·贺加斯于 1754 年创作的版画 (c) 就是存心弄错的透视戏法。点烟斗的人在给他递火人的房子后面很远的山上。同样，羊群里最远的那头却画得最大！树也一样。马塞尔·杜尚在 1917 年根据一幅广告画画了一张不合常理的床 (d)。

瑞典人奥斯卡·罗特斯维尔德（1915—2002）是不可能图形无可争议的发明人。1934 年，年轻的奥斯卡在拉丁文课上百无聊赖。不知不觉间，他开始画出了像图 A 中那样摆

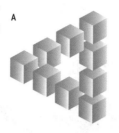

放、位置不合常理的 9 个立方体。9 个立方体连起来，就有了图 B 中著名的"不可能三角形"。不可能图形就是这样诞生的。当他意识到自己画了什么后，奥斯卡·罗特斯维尔德将毕生都投入到研究透视悖论的问题中。

20 年之后，数学家罗杰·潘洛斯和他的父亲里昂内·潘洛斯重新发明的不可能三角形出现在《英国心理学期刊》（*British Journal of Psychology*）上的一篇科学文章中。今天，它被"不公正地"称为潘洛斯三角形，并有数不清的变化形式。

奥斯卡·罗特斯维尔德发明并且画了数百个不可能图形，为此，他的祖国瑞典在 1982 发行了一套印着其数百幅作品的邮票（见左图）以示纪念。莫里茨·科内利斯·埃舍尔用美妙的版画为这些令人困扰的几何物体带来巨大声誉，并首次将其置于复杂的图形创作中，彰显其魔幻般的美。

如今，其他艺术家继续着不可能图形和透视错觉的游戏，创造了引人思考的作品，个中玄妙力量可谓妙趣横生，令人啧啧称奇。其中最巧妙的艺术家包括我们认为堪称第一的桑德罗·德尔普雷特，以及冈萨尔维斯、尤斯·德梅、布拉多、莫莱蒂、恩斯特、福田繁雄、哈梅克斯、谢帕德、奥洛斯。

自 1934 年以来，悖论图形爱好者发明了各种令人难以置信的不可能物体，除此以外，数百篇针对不可能物体的文章也探讨了众多问题。这些让人称叹的小小图画引出了数不清的谜题，相关最新研究改变着人类对空间认知的理解，这至今仍是个挑战。

不可能图形的定义

乍一看,一幅不可能图形所展现的好像是人们习以为常的三维物体。但仔细端详,便能看出其中的不可能性:任何对整幅图形的逻辑解释似乎都无法成立。不可能图形为我们的视觉系统设下了陷阱。

陷阱通常是这样的:图形的每一部分立即被我们的大脑理解为一个三维物体,只有从一部分看到另一部分,试图从整体协调不同部分时,图形中自相矛盾的地方才会显现。不同的图形有不同的矛盾之处:

- ❑ 两个远近不同的平面,本不该相交却相交了;
- ❑ 物体中的某一个平面,从不同角度观察,可以被认为是在上面或者在下面;
- ❑ 图画中的某一个区域,结合图画中不同部分,可以看成是空的或者满的;
- ❑ 两个平面相交的角,可以是"凹陷"或者"凸起"等。

同样令人惊讶的是,一切所谓的"不可能"图形都是可能的。为了证明这一点,我们提出一般性定理(参见"如何让它们变得可能?"),或者做出一些三维物体并对其拍照,以产生想要的图像。"一些不可能图形"中就有一系列例子。观察者认为来自图形本身的矛盾,其实源自思维所做出的简单假设,而这些假设又将思维带进了理解上的死胡同。

⬊ 2. 如何让它们变得可能?

"可不可以让不合逻辑的图形变得可能?"有一个简单的答案:用铁丝做出结构,每条线段用一根铁丝! 也有更好的方法,下面的定理指出对于很多轮廓图画(包括不可能图形),我们可以找出与之对应的多面体来呈现其图像。

定理:对任何由直线段组成并可分割成多边形集合的图形F,存在一系列多面体$P_1, \cdots, P_n$和方向D,使得多面体$P_1, \cdots, P_n$沿平行于D方向在与D垂直的平面上的投影为图形F。

换句话说,从无穷远的地方沿着D方向观察$P_1, \cdots, P_n$,可以看到图形F。该定理对潘洛斯三角形和大部分相关物体都适用。它也可以推广到包含曲线的图,或用来研究其他类型的透视法。

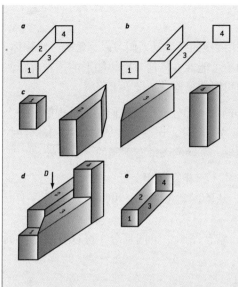

该定理的证明很简单。假设图形F(a)可以分解成互不重合（某些线段在分解时可重复出现两次）的多边形$A_1,\cdots,A_n$的拼接(b)。对分解的每一个多边形A_i生成一个多面体P_i(c)，使多面体两个形状为A_i的面垂直于D方向，并通过每一个顶点将两个面彼此相连（即：P_i是底面为A_i的柱体）。从远处沿着D方向看(d)，多面体P_i呈现图像A_i。对与A_i相对应的不同多面体取不同的高度（使其每一条边都不会在多面体合并时消失），就得到了要找的多面体集合(e)。但我们注意到，该定理对不可能图形3g和3j不适用，因为它们的轮廓图不能被分解成一系列多边形。

3. 一些不可能图形

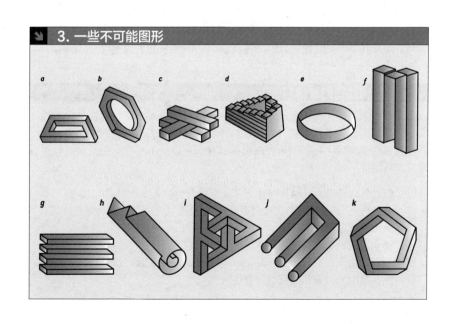

在大多数情况下，这些假设，例如"物体的限定面一定是平的"或"在图画中看起来是直的，在空间中就一定是一条直线"，可以使人快速并正确地理解现实世界的图像。但在观察不可能图形时，这些假设会引起大脑对面积和体积相对布局的想象，反而使图画的各部分之间无法匹配。被蒙蔽的视觉系统难以摆脱自己设下的局部理解，种种疑惑就会令视觉系统得出看似矛盾的结论。于是，思维开始原地打转，徒劳地寻找着对图像的整体理解——合理的阐释虽然存在，却永远找不到。

不可能图形的实物化

长久以来，悖论图形的照片层出不穷。一开始，人们只能做出不可能图形的初级实物化作品，后来才令其愈加复杂。福田繁雄早在1982年就做出了埃舍尔版画《观景楼》的木头和塑料版本。

福田繁雄在1985还实现了埃舍尔的作品《瀑布》。此作之后又被乐高积木爱好者安德鲁·利普森做成了乐高积木版本（http://www.andrewlipson.com/lego.htm），天才发明家詹姆斯·戴森又设法用真的水实现了一个模拟此作的喷泉，好像水可以不尽流淌（http://news.bbc.co.uk/1/hi/uk/3046791.stm）。

不可能三角形能够阐述明显矛盾的机理，并加以解释，这就需要做出一个实物，使其从合适角度看时呈现不可能图形。让我们来观察不可能三角形的两个角，遮住第三个（如图所示）。

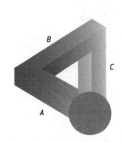

人们一定将该图形理解为三根横截面为正方形的长条A、B和C两两垂直相交，在空间中构成折线形。当然，如果这样理解，长条A和C并不相连。于是，当A和C的连接突然出现在完整的图画上时，视觉系统就判定这是不可能的。似乎三角形的任意两角总是可以相吻合，但三个角却不行。

不过，至少有三种方法可以让我们在空间中构造出一个图中三角形这样的物体。

(a) 第一种方法旨在不遵循我们视觉系统中的潜在假设：物体的限定面一定是平的。葛森·埃尔伯的摄影作品展示了实际的几何形体从适当的角度 (A_1) 拍摄便可准确地与矛盾的三角形相吻合。当然，我们从另一角度 (B_1) 就能看出端倪：真实物体的各个面实际上是复杂表面，而非某一平面的片段。

(b) 第二种方法旨在不遵循潜在的假设："在图画中看起来是直的，在空间中就一定是一条直线 (A_2, B_2)。"

(c) 在让不可能图形变为可能的方法中，最有效的办法就是让实际物体两个不同的线段重合。我们的视觉系统假设看到的每一条线段都代表着三维物体的唯一线段 S，于是，把物体在实际中并不相连的部分看成是相互连接的 (A_3, B_3)。

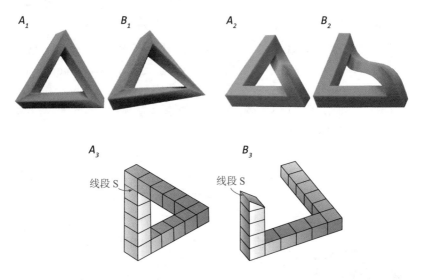

找出视觉系统所做的潜在假设，是实现人工视觉系统的关键。1972 年发明并在 1975 年发表的 Waltz 算法，如今是人工智能技术的必修课。该算法致力于以三维图景展现仅由直线段组成的轮廓图画。

Waltz 算法成立的条件是：图画所表现的物体不超出图画界限；相交于同一个点的线不多于三条；图画所表现的是多面体，是由平面和直棱边构成的。

应用在不可能物体上，会出现两种情况：

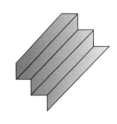

- ❑ Waltz 算法找不出任何三维的解释，在某种程度上，这意味着它找到了一个不可能图形（在其自己的假设条件下）；
- ❑ 或者，该算法也像人类一样被蒙蔽，并给出一种解释，但仔细观察后发现，这种解释从整体上看并不成立。

例如，Waltz 算法可以检测到图中台阶的不可能性，却对不可能三角形无能为力。

自 1972 年以来，人们对该算法不断加以完善；或者说，让它不断复杂化，以提高算法理解轮廓图画的能力，并弱化我们强加给它的视觉假设。然而直到今天，没有任何计算机程序能够得出完全令人满意的结果。三位计算机视觉专家——瓦利、马丁和铃木在一篇对该课题 30 年研究成果的总结性文章中写下如下结论：

"计算机是否能理解轮廓图画？在一定程度上，答案是肯定的，但计算机离拥有与人类思维等同的能力还有很大距离。通过不断改进方法，计算机程序能够恰当地理解越来越多的情况。但是，人类分析轮廓图形的能力因素仍未被集成到程序中，原因很简单，这些因素尚未被理解和发现。"

我们注意到，某些视觉失认症可导致患者无法辨别不可能图形。这些图形对他们来说并无矛盾之处。不是因为患者能找到复杂的理解方法，而是他们的视觉系统失去了察觉各部分之间不一致性的能力。可以说，我们的计算机已达到了这些视觉失认者的程度，但尚未达到健全人的水平。

一些数学方法试图描述这些矛盾图形的特征：罗杰·潘洛斯提出应用"上同调"的概念，而柯琳·瑟夫则提出用"辫子理论"的概念。这些方法似乎都不如 Waltz 算法及其变体强大。Waltz 算法及其变体是基于对一幅图画中 2 个或 3 个线段及其延伸线之间各种可能的连接类型的枚举。

设计三维陷阱

　　我们在试图实现等同于人类三维分析能力的算法过程中，遇到了不少困难，这源于大脑一项微妙的技巧：善于采用假设（因为这些假设通常带来正确结果），并在必要时禁用。面对所谓的不可能图形——正如我们刚说过，从来没有完全不可能的情况，计算机正是因为不具备这样的假设技巧（尚未被发现）而遇到了困难！一幅简单的图像也能难住计算机，因为可能存在好几种正确的理解。像我们视觉系统那样仅仅采取

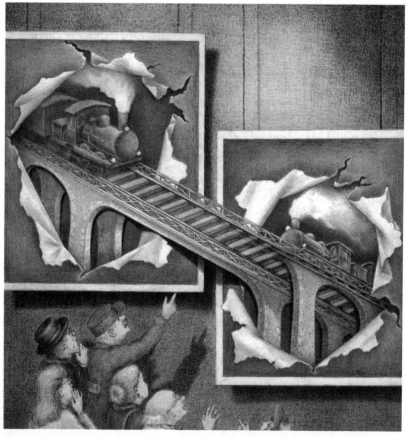

4　"你所看到的一切并非一定是现实。"版画作者桑德罗·德尔普雷特说。两列火车穿过扭曲的图画，却又是图的一部分，它们会相撞吗？

最有可能的一种理解，恰恰是一件极其难处理的任务。

如果设计一个三维物体，使其从特定角度看呈二维图像，并且该物体有可能属于不可能图形。这里，拥有严苛逻辑的计算机能派上大用场。

吉列尔莫·萨夫朗斯基、丹·迪莫尔曼和克雷格·葛慈曼在 1999

Sandro Del Prete

5 桑德罗·德尔普雷特的**象棋版画**（上图）是"方向既朝上又朝下"棋盘的不可能图形。葛森·埃尔伯却通过拍照证明了它的可能性（左图）。

年提出了一般理论，用以设计表面看来是不可能图形的三维物体。在计算机程序的辅助下，该理论已被系统地应用在一系列著名不可能图形的创作上，并复制出莫里茨·埃舍尔、桑德罗·德尔普雷特、奥洛斯和尤斯·德梅等人复杂作品的三维模型。

　　所有物体都有一个特点：只有从唯一一个特殊角度，并用一只眼睛观看时，它们才会造成自相矛盾的效果。于是，就产生两个问题：是否可以设计对双目视觉有效的视觉陷阱，即通过一对立体图像能否让矛盾物体产生立体感（例如不可能三角形）？是否可以设计能够旋转，并继续产生矛盾图像的视觉陷阱？这两个问题的答案都是肯定的。

　　一方面，唐纳德·希玛尼可早在 1998 年就成功制出对应不可能三角形的不同立体视觉图像。人们观察这幅图像时，会感觉看到了具有立体感的不可能图像。另一方面，契·柯和彼得·克韦希也成功针对一些具有对称中心的矛盾物体创作了图形动画。物体自身可以旋转（假设物体是多面体，且每一刻都保持其矛盾性）。但是，物体只能被连续形变。我们可以在相关网站上欣赏这样的动画。

　　矛盾，是刺激数学逻辑推理的动力。同样，图形矛盾除了周身萦绕的神秘色彩及其带给人们的视觉乐趣之外，对于只能用双眼视觉系统看到两幅二维图像，并希望以此来探求和认知三维世界的人来说，在很长的时间内，这一矛盾都会不断地焕发思考与研究的热情。

无穷与不可能

在一幅图画中展现无穷的不可能图形，看起来可能有些无聊。然而，这却能产生令人困惑的图像，让眼睛面临艰巨的考验。

如果物质世界里不存在无穷，既没有无穷大也没有无穷小，那么任何的无穷图形都将不存在。两条铁轨在地平线相交的景象，"科赫雪花"在任意尺度截取的轮廓，只会是近似描绘现实世界中缺失的数学无穷结构——对无穷的任何图形描述都会是幻想。

然而，物理学与宇宙学都没能确定地回答无穷是否实际存在。这个问题或许压根就不属于科学领域。若我们假设无穷在物理上是存在的，比如，因为空间本身并不是有界的或者封闭的（与球体表面相反），那么两条平行铁轨在无穷远相交便是可能发生的情景。

目前，我们仍然对最终的物质现实和物理上的无穷一无所知，因此，数学无穷结构的表现形式算不上荒谬。于是，我们可以放手设计一些抽象物体，它们除了具有无穷的属性，还因自身结构而成为不可能。

看到这儿，无穷似乎是一个无缘无故的数学游戏。然而近来，若干研究贡献使无穷不可能这门艺术变得更加有趣。这才是本章的主题。

最初，创造无穷不可能图形需要从有限不可能图形开始，例如潘洛斯三角形（不在同一平面的三条边看起来相连，构成一个不可能三角形），将其各部分相连，并规律地填满纸面上的空间，赋予图画表面上的一致性。

不可能图形的无限重复

根据特定的不可能三角形图形，我们可以演化出多种无穷不可能的排列方式。工程师兼艺术家乔斯·莱思就创作了众多精美的版本（参见图1）。

每一幅图像都让人困扰，惊人程度远远超过了基础结构中的不可能图形。请看"乔斯·莱思的无穷不可能图形"图b，我们的第一印象是，这是一张无限的三维网络，好似空心立方体堆砌而成，图形填满了三维空间。然而，我们很快发现图像整体存在严重的违和感，这下有些令人不舒服。在图像试图展示的假想空间中，每一个角落都充斥着不一致。随着对图画的观察，我们意识到，图画到处是谬误和无穷的自相矛盾。

乔斯·莱思将矛盾阶梯图样在单一的方向上平移，得到另一幅无穷不可能图形，这幅画略简单一些。阶梯设计将两个样本头对头放置，完美相接后，最终得到一个无穷阶梯。人们沿着阶梯下降的方向却总是越走越高（参见"要上去，只需向下走"）！我们在乔斯·莱思的网站上可以找到他创作的此类图像：http://www.josleys.com/show_gallery.php?galid=232。

长期以来，我们注意到只有在一定条件下，潘洛斯三角形或疯狂阶梯才是不可能的，即人眼将可见的直线理解为实际的直线，并且用最简单的方式理解组成部分之间的相对位置。

众多互联网网站都提供了奇妙的视觉骗局装置，试图实现几何上的不可能图形。有时，图形构造方式需要通过计算机模型加以描述和表达（参见《不可能！你确信吗？》）。

a

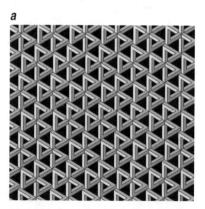

b

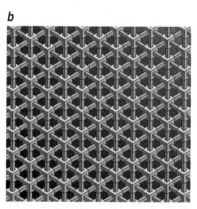

1 乔斯·莱思的无穷不可能图形。由重复的不可能图案沿两个方向铺满平面而得到，这些无穷不可能图形造成没有深度的奇特三维空间感。

Escher 方式的永恒运动

人们甚至还录制了一些相关短片，其中最特别的就是荷兰艺术家莫里茨·埃舍尔著名版画《瀑布》的实物展示影片，如同永恒运动的运转方式，不禁让人信以为真（参见 https://www.youtube.com/watch?v=0v2xnl6LwJE ）。

两位艺术家曾将这些荒谬的几何游戏应用在大型雕塑上——他们竟然能卖得出去，还成功地安放在公共场所。其中，离荷兰马斯特里赫特不远处的比利时村庄奥否汶矗立着一座比利时艺术家马修·哈梅克斯的雕塑作品，就采用了扭转的方法：潘洛斯三角形的三边不再是直的，但透视法造成了幻觉，使人眼看到恰恰相反的景象。

另一个三角形大型创作位于澳大利亚珀斯市，是布莱恩·麦克凯和阿马德·阿巴斯在 1999 年创作的作品。该作品采用断裂的方法：在特定角度，人眼将实际不相连的部分视为相连，认定看到了不可能雕塑。

"无穷不可能"是否可能？

我们可能会问：乔斯·莱思提出的无穷图样到底是怎么回事儿。能

c

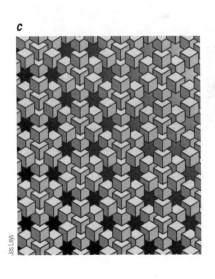

d

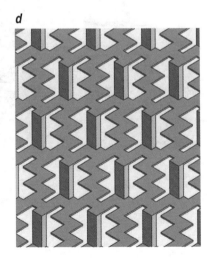

不能设计一些"真正"会占据整个空间的三维物体,当从特定视角观察时,会产生无穷不可能图形?

我虽然不知道针对每一种三维物体的答案,但是,将某些物体转化成自相矛盾的无穷几何图形,还是很容易的。

以"乔斯·莱思的无穷不可能图形"图 c 为例,它是由一组 7 个立方体(即 6 个立方体围着一个中心立方体)在无穷次重复后组合而成的。单看这 7 个立方体并没有什么矛盾,多个 7 个立方体组的相对摆放位置才使图形在表面上产生了不合逻辑之处。为了形成这样的排列,只需让每一组东南方向和西南方向的两个立方体在实际上呈 L 形,即将立方体分解成"无穷不可能图形变成可能"右图中的样子。

另一个将无穷不可能图形变成现实的例子:请看一条由方形环按直线排列而成的无限链条(参见"无穷不可能图形变成可能"右图)。为了在空间内展示这条无穷的矛盾链条,可在每一枚方形环的适当位置截去一段,就会产生方形环后方的边穿过环到达前面的错觉。

里尔大学的弗朗塞斯科·德柯米特将这个想法变成了动画(这次采用圆锥透视法,而非散点透视法),可以在网页上看到:http://www.flickr.com/photos/fdecomite/sets/72157626054113902/。

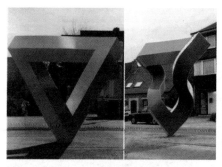

2 **不合常理的图画变成现实。**站在马斯特里赫特附近的奥否汶村广场上,只要角度适当,就可以看到潘洛斯三角形(左图)。走动一下改变视角,就可以理解错觉的原因:我们发现不可能三角形的边其实是弯曲的(中图)。澳大利亚艺术家也在珀斯竖起另一座吊诡雕塑。

不可能的分形图

一个图形若能变为无穷，可能是因为它（有潜力）凭借自身的重复性结构而无限延伸，说得专业一点，因其在一个或两个方向上具有平移不变性。两千多年里，几何学已使我们习惯了这种无穷大。但除此之外，另一种几何无穷也已显现，那就是无穷分形图。

伯努瓦·曼德勃罗（1924—2010）在1974年创造的这个概念泛指任何可被无穷切割或分裂的图形或物体。这些结构通常具有内部的对称性——我们可以在其自身内部找到它们的整体形状，只不过更小一些，就像俄罗斯套娃。说得专业一点，它们具有位似不变性。

其实，分形最早出现在一个多世纪以前，数学家们试图阐明连续统（即几何直线）的精细结构。康托尔在1870年左右发现了今天所称的"康托尔三分点集"或"康托尔尘"：取一条线段，去掉中间三分之一，剩下两条线段，再去掉它们各自中间三分之一，剩下四条线段，以此类推。

人们曾认为拓扑异常是不可能实现的，但皮亚诺曲线（1890）及科赫雪花（1905）却将拓扑异常可视化，如：遍历实心正方形上每一个点的曲线、没有切线的曲线、能够限定一个有界面的无穷长度曲线，等等。

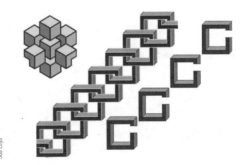

Jos Leys

3 无穷不可能图形变成可能。

对"爱思考的眼睛"来说，无穷不可能图形 c（参见"乔斯·莱恩的无穷不可能图形"）变得可能。如图所示，将一组 7 个立方体中的两个立方体切割，所得到的结构就可以在实际中排列成多个无限长的柱子，这些无限长的柱子又可以并排放置。这样就正好得到了乔斯·莱思图像的"墙纸"。此外，相互嵌套的环状无穷不可能图形也可以通过经典的切割技术变成现实（右图）。

在经典几何学里，我们把物理空间看作实数对的集合（对于平面）或实数三元组的集合（对于空间）。这种构想不但实用，而且能帮助我们理解连续、速度、加速度、连通性等概念。

然而，量子物理学，以及在实践中无法深入探究无穷小的问题，使人们对基于实数建立的空间模型的有效性产生了怀疑——分形几何中无限分割的物体有着无限的精细度，因此，它们或许只是理论上的错觉。我们暂不考虑这个异议，仅承认经典空间模型与实际物理世界的模型相符，而且，分形在物理上也是可能的。

那么，难道就不存在有界尺寸的无穷不可能物体吗？无穷不可能结构将不再像乔斯·莱思的图像那样源自无限延伸的特性（纸张只能勉强呈现部分图像），而是源自其矛盾结构的无限精细度。

伦敦帝国学院的卡梅隆·布朗借助计算机程序得到的若干图像，为这一问题找到了肯定的答案。在这些生成图像中，他将分形及位似不变性物体的无穷分割与潘洛斯三角形一类图形的不可能性结合了起来。

以下展示了科赫雪花的构造过程，一个内部完全是空的，另一个具有内部支撑杆。布朗在每一步构造中所用的图样都是一幅不可能图形。此系列中的有限图形就是不可能图像一步步积累而成的分形图。

4 **不可能图形的极限。** 将不可能图形的图示和科赫雪花的构造算法相结合，计算机图形学专家卡梅隆·布朗获得（至少乍一看）收敛至科赫雪花的无穷序列 (A)。然而在数学家的欧几里得空间里，无需任何技巧即可实现雪花图形。另一个可能存在极限的不可能图形序列则以正方形为基础 (B)。

有趣的是，图画的极限不是别的，就是雪花本身（或具有内部轮廓的变体）。一系列不可能图像由此诞生，而且可能拥有极限。随着无穷不可能的不断积累，荒诞之处也消失不见，如同在接近极限的过程中被吞噬。

两头或三头叉子，以及"恶魔音叉"都是不可能图形的代表图案。卡梅隆·布朗借此采用"康托尔尘"设计了多个无穷版本（参见"卡梅隆·布朗"中的图 a）。

康托尔的不可能叉子

这一次，极限图形每一步构造中的不可能性并没有被画出来，但我们却不难想象。其实，随着我们远离实心部分（上面），物体的截面变得越来越镂空：去掉中间的三分之一，再分别去掉剩下两部分中间的三分之一，如此重复。然而，物体最下端（下面）却又被填满了。由此，我们知道在接近极限的过程中，分形图可以保持不可能性。

"卡梅隆·布朗"中图 b 的图形源于皮亚诺曲线。布朗将创作不可能图形的经典过程用于构想皮亚诺曲线，又一次绘制出可能存在极限的不可能图形。

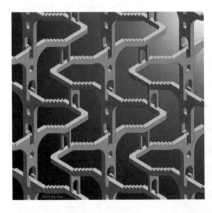

Jos Leys

5 要上去，只需向下走。乔斯·莱思的无穷不可能图形是由埃舍尔的矛盾阶梯不断重复拼接而成。这样得到的图形虽是规律排列的上升阶梯，其真实方向却反而下降。其实，路易十四的宠臣富凯的纹章最适合采用无穷阶梯图案："上升止于何处？"（Quo non ascendet?）富凯自以为皇恩日盛，实则走了下坡路。

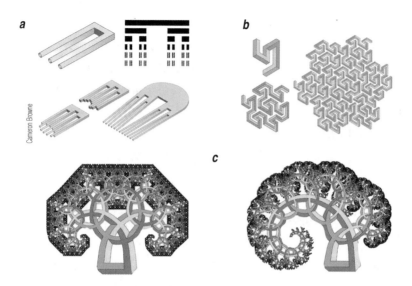

6 **卡梅隆·布朗**将康托尔三分集（a图右上）和恶魔音叉（a图左上）相结合，又运用皮亚诺曲线(b)构建不可能图像(c)。c图的两个图形在任何尺度都是不可能图形。

但图 c 中的极限图形依然存在不可能性。这两个图形都是真正的分形图：它们具有非整数的维度。正如布朗所说，这些图画在任何尺度都是不可能图形。潘洛斯三角形的每个部分皆可能实现（无需任何技巧）。相反，图 c 中的图形即便在十分接近顶部时依然保持着几何不可能性，即在任何放大级别都保留着不可能性。

对经典不可能图形的分析指出：如果将图形分割为有限数量区域的集合，我们得到的每一个区域都呈现为一个可能实现的物体。针对乔斯·莱思提出的不可能图形，若找不到如"无穷不可能图形变成可能"所示的方法，则需要分割出无穷个区域。每个区域的面积则要大于一个对整幅图画都适用的常数。对布朗的最后两幅图画，这种"可能区域"分割方法需要无穷个区域来实现。而且，当接近最大边界时，无穷区域的直径趋于 0，而最大边界的分形维度大于 1。这一精彩的设想会引出一个新问题：能否设计一些更疯狂的图像，让不可能性在平面上的一个二维区域内累加？

希望读者为我们提供其他无穷不可能的构图。我有一个建议：结合门格海绵与不可能立方体，肯定会缔造一个相当别致的矛盾结构。

三角形几何学远未消亡!

点在图形内部的最优分布是一个基础几何学问题,却引出了不少有趣的研究。

在 21 世纪初的今天,一本三角形几何学著作的问世引来各大数学杂志关注,纷纷为此撰文。这难道不让人感到惊讶吗?三角形几何学的复苏不仅展现了数学独特的革新能力,而且预示着,仍有可能找出与几何学最简单结构相关的未知问题,没准还会相当复杂。

几部专著重拾三角形几何学经典主题,希望进行一番回顾总结,其中包括:法国 Hermann 出版社 1997 年出版的伊温妮·索泰和勒内·索泰共同撰写的《三角形几何学》(*La géométrie du triangle*);2005 年,Pole 出版社的数学趣味杂志《切线丛书》(*Bibliothèque Tangente*)中登载一篇题为"三角形:就这三个点"(Le triangle:trois points c'est tout)的文章;以及美国科罗拉多大学亚历山大·索佛的新作《如何分割三角形?》(*How Does One Cut a Triangle*),这本书完全致力于讨论三角形的分割问题。

《如何分割三角形?》一书详细描述了该课题的最新发现,呈现无比简单的问题如何找到令人叫绝的解答,挥洒非凡的数学智慧。该书 1990 年第一版未能解答的一些问题已在 2009 年新版中一一作答,其他问题则仍然悬而未决。

然而,我们也会看到,数学家们能够取得一些相对轻松的进展,是因为他们借助了计算机科学……这一章将讲解亚历山大·索佛书中的一个问题。如今,这还是一个范围很小却十分活跃的研究领域,尚未经过全面的探索。

点的分布难题

请先看第一个断言 A:

在单位面积三角形内任意画出 9 个点，即可找到其中 3 个点，使其构成的三角形的面积小于或等于 1/4。

构成面积小于或等于 1/4 的三角形的 3 个点必然相互靠近。这里确定了一种具有明显"定性规则"的特殊形式：在图形内放置很多点，其中一些必然相互靠近。这里，"很多"就是 9 个，"相互靠近"即意味着"其构成的三角形的面积小于或等于 1/4"。

该结果的证明过程展现了一种推理方法——鸽笼原理，有时也叫作"狄利克雷抽屉原理"。如果在黑暗中从放着红色和黑色袜子的抽屉里找出一双相同颜色的袜子，取出三只袜子就足够了，其中两只一定拥有相同颜色。

该原理的一般表述如下：将 $nm + 1$ 只鸽子放进 m 个笼子里，至少有一个笼子里有 $n + 1$ 或以上只鸽子。将 9 只鸽子放进 4 个笼子里，不可避免一个笼子里有 3 只或 3 只以上的鸽子。

证明十分简单。设 $nm + 1$ 只鸽子放在 m 个笼子里，若 m 个笼子中的每一个均包含 n 或 n 只以下鸽子，则总共包含 nm 只或 nm 只以下的鸽子，这与假设不符。因此，必有一个笼子里包含 $n + 1$ 只或 $n + 1$ 只以上的鸽子。当 n 等于 1，若将 $m + 1$ 只袜子放进 m 个抽屉里，其中一个抽屉必定会包含两只或更多的袜子。

现在来证明断言 A。

将三角形各边中点两两相连，三角形被分割成 4 个相等的三角形，且面积均为 1/4（参见"三角形的 $S(T)$ 常数"）。若将 9 个点放在单位面积的大三角形里，四个面积为 1/4 的三角形的其中一个就包含至少 3 个点（若每一个小三角形最多只包含 2 个点，则总共只有 8 个点）。于是，这 3 个点限定了一个三角形，其面积小于其所在面积为 1/4 的三角形。

9 个点太多了。我们拿 8 个，甚至 7 个点，能得到一样的结论吗？答案是肯定的：7 个点（8 个点也可以）能足够保证面积小于或等于 1/4 的三角形的存在。这就是断言 B：

在单位面积三角形内任意画出 7 个点，即可找到其中 3 个点，使其构成的三角形的面积小于或等于 1/4。

若将k个物体放在m个抽屉中，且$k > nm$，那么至少有一个抽屉包含多于n个物体。当$n = 1$时，我们得出结论：若将$n + 1$个或者更多物体放在n个抽屉里，其中一个抽屉必然包含最少两个物体，如同图中格子里的鸽子。这个原理虽然简单，却常常很有用。

- 若13人相遇，最少两个人是同一个月份出生；若25人相遇，最少三个人是同一个月份出生。

- 若取1到100之间十个不同的整数$n_1, n_2, \cdots, n_9, n_{10}$，则存在10个数字的两个子集，其中数字之和相等（例如$n_1 + n_2 + n_7 = n_3 + n_4 + n_9$）。为了进一步说明，我们注意到10个数字有$2^{10} = 1024$种方法取其子集。每个子集的和都小于1000（因为求和的数字小于10个，每个数字又小于或等于100）。根据抽屉原理，就有两个子集得出同样的求和结果。

证明参见图2。我们注意到，断言 A 和断言 B，甚至所有将要考虑的断言都和三角形的形状无关。等边三角形、直角三角形、等腰三角形……只要是单位面积三角形即可。

回到断言 B。它固然优于断言 A，但我们还能进一步优化吗？就像从 9 到 7，还能到 6、5，甚至到 4 吗？到了 4 就行不通了，因为 4 个点中前 3 个放在三角形的 3 个顶点上，第四个放在三角形的重心（中线的交点），得到的三角形面积都不会小于 1/4，而是等于 1/3 或 1。

最终的答案是 5。亚历山大·索佛是这条定理的发现者，他将其命名为"五点定理"，即断言 C：

在单位面积三角形内任意画出 5 个点，即可找到其中 3 个点，使其构成的三角形的面积小于或等于 1/4。

我们在此不给出该结果的证明过程了，因为三页纸也写不完。五点定理最著名的三种证明来自亚力山大·索佛（五页）、罗伊斯·彭（三页）

三角形几何学远未消亡！　　23

和塞西尔·卢梭(三页)。这条定理美丽又非同寻常,而探索并非到此为止。我们将要详述其中两个部分,通过实例展示一个问题如何带来另一个问题,数学家们如何不停地发掘新难题,直至抵达逻辑推理的尽头。

▶ 2. 三角形的S(T)常数

单位面积三角形的S(T)常数是所需点数量的最小值,使得任意S(T)个点满足存在以其中3个点为顶点构成的三角形的面积小于或等于1/4。

该常数小于9,如果有9个点,则必有3个点在面积为1/4的三角形内(a)。

S(T)常数大于4,因为可以像图(b)那样放置4个点。

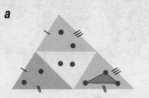

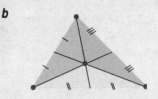

我们来证明"若单位面积三角形内有7个点,存在其中3个点构成的三角形的面积小于或等于1/4"。

首先需要证明"面积为1/2的平行四边形内的3个点A、B、C可限定一个面积小于或等于1/4的三角形"。图c可以解释这个性质。

再来看将单位面积三角形分割成四个面积为1/4的小三角形(d)。中间的小三角形分别和其他三个相连,都构成一个面积为1/2的平行四边形。设想三角形中有7个点,若其中3个在同一个小三角形中,它们就构成了一个面积小于或等于1/4的三角形。证明完毕。

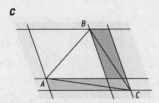

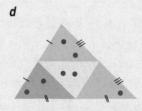

假设换一种情况。至少有一个点在中间的小三角形里。如果有2个点,那么把中间的小三角形和另一个包含一个点的小三角形相连(这样的小三角形必然存在),我们就有一个包含3个点且面积为1/2的平行四边形,即有一个面积小于或等于1/4的三角形。

如果中间的小三角形里只有一个点,那么就是其他的小三角形每个包含2点(我们已经假设没有一个小三角形包含超过2个点,且除了中间小三角形里的点之外还有6个点）。无论选这3个小三角形中的哪一个和中间的小三角形相连，我们都会得到一个包含（开始给出的点中）3个点且面积为1/2的平行四边形，即有一个面积小于或等于1/4的三角形。

实际上，亚历山大·索佛证明了$S(T)$等于5。

要知道，索佛不仅因解答了众多数学难题而闻名于世，更是自创难题的高手。他曾和保罗·埃尔德什、约翰·康维等颇具名望的数学家一起发表过文章（因此，索佛的"埃尔德什数"就是1^1）。他主张："我们总有自由向自己提出自创的数学问题，并尽力深入研究。"索佛更愿意把数学看作一门艺术，而非一门应用科学。他参与奥林匹克数学竞赛组织，炮制拥有精妙解法的新谜题。他酷爱那些看似平凡，却会在非凡创意下绽放光彩的谜题。对索佛来说，一位优秀的数学家并不需要具备很多的数学知识，而仅需在面对像我们今天提出的这种小问题时，能设想出进攻得胜的策略。这些策略的优美程度与破题效果同等重要，一波三折最终意外取胜，反而更加有意思。

首先，我们会很自然地想到将这一原理推广至三角形之外的其他图形。例如取单位面积正方形或五边形，思考需要放多少个点才能确保其中3个点能限定一个面积小于或等于1/4的三角形。

索佛提出引入记号$S(F)$来表示对于几何形状 F 的最小整数 m，以此保证在给定单位面积的图形 F 内放置的 m 个点，其中有 3 个点组成一个面积小于或等于1/4的三角形。

对于三角形 T，我们知道$S(T) = 5$（4 个点不能保证面积小于等于1/4的三角形存在，而 5 个点可以）。对于正方形 C，$S(C) = 5$（试着证明一下该结果）。对于五边形 P，$S(P) = 6$（参见"多边形的索佛函数"）。

从形状 F 经过仿射变换（例如变换$f(x, y) = (ax + by + c, a'x + b'y + c')$）得到另一个形状 F'，$S(F)$ 的值不变，因为此类变换保持面积的比例关系。

在 S 函数的相关证明中，有以下两个结果。

注 1　"埃尔德什数"取自匈牙利数学家保罗·埃尔德什的名字，这个参数用来衡量埃尔德什本人与另一位作者在合著数学论文时的"合作距离"。——译者注

□ 对任意整数 m，有形状 F 使 $S(F) > m$（参见"无量大数"）。

□ 若 F 是凸图形 C（即只要该形状包含点 A 和点 B，则一定包含整条线段 AB），则 $S(C) = 5$ 或 $S(C) = 6$。证明这条特性尤其困难，恐怕要占用十来页才能说清。索佛悬赏 100 美元，看谁能分别针对 $S(C) = 5$ 的凸图形或 $S(C) = 6$ 的凸图形，提出有意义的特征描述。

3. 多边形的索佛函数

　　单位面积图形F的索佛常数$S(F)$是最小的整数m，满足只要图形F内有m个点，其中一定有3个点组成一面积小于或等于1/4的三角形。

　　对于三角形，m等于5：如果给定单位面积的三角形中有5个点，其中有3个点可以确定一个面积小于或等于1/4的三角形。这个五点定理目前还没有已知的简单证明(a)。

　　对于正方形，m还是等于5并且很容易根据图2的结果证明："面积为1/2的平行四边形内的三角形面积必然小于或等于1/4"(b)。

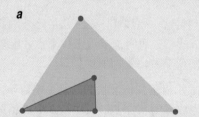

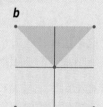

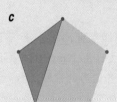

对于正五边形(c)，m等于6。只要将5个点放在单位面积正五边形的顶点，我们发现所有能找到的三角形面积都大于$(5-\sqrt{5})/10 = 0.2763$（因为这是图中所画三角形的面积）。这意味着，5个点还不足以保证面积小于或等于1/4的三角形的存在，即S(五边形)大于5。

　　对于平面上的凸图形F，$S(F)$常数等于5或6；但我们还不能用有意义的方法归纳出哪些凸图形的常数为5，哪些为6。有人能解开这个谜题吗？

从图中可以看出平面几何图形的索佛常数$S(F)$可以要多大有多大。

实际上，设想图A中有m个辐条的"太阳"。v_1, v_2, $\cdots$, v_m这m个点中的3个点可能组成的最小面积三角形是3个连续的点（例如v_1, v_2和v_3组成的三角形）。

我们可以在保持总面积为单位面积的同时，任意拉长辐条的长度。选择足够细长的辐条，三角形v_1, v_2和v_3的面积就会超过1/4。这就证明，对某些"太阳"形状F，m个点无法保证在任意m边形中存在面积小于或等于1/4的三角形，换句话说，$S(F)$大于m。同样的推理对图B也适用。

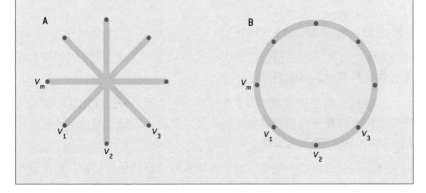

对 1/4 的改进

然而，任何知道五点定理的人都会想到一个比索佛的假设更简单的问题。既然单位面积三角形内的 5 个点可以保证存在一个从 5 个点得出的面积小于或等于 1/4 的三角形，也许 5 个点能保证存在一个面积小于或等于 1/5 的三角形，甚至一个面积小于或等于 1/6 的三角形，或者其他什么三角形？

三角形中的 5 个点能保证存在一个从 5 点得出的面积小于或等于 α 的三角形，那么 α 的最小值是什么？五点定理为我们保证 $\alpha \leqslant 1/4$。α 的确定值是多少且相应的五边形（我们称为"最优五边形"）是什么？

显然，"最优五边形"的问题还可以推广为：

❑ "最优六边形"是什么？相应的 α 是什么？

□ "最优七边形"是什么？相应的 α 是什么？

□ "最优 n 边形"是什么？相应的 α 是什么？我们将 m 边形的 α 记作 α_m。

到目前为止，计算给出两类结果：一个猜想和已证明的上限。

猜想：$\alpha_5 = 3 - 2\sqrt{2} = 0.17157$
上限：$\alpha_5 \leqslant 121/625 = 0.1936$
猜想：$\alpha_6 = 1/8 = 0.125$
上限：$\alpha_6 \leqslant 2/15 = 0.13333\cdots$
猜想：$\alpha_7 = 7/72 = 0.097222\cdots$
上限：$\alpha_7 \leqslant 23/200 = 0.115$

对 $m = 6$ 和 $m = 7$ 猜想的最优 m 边形画在图 5 中。超过 7，目前还没有准确且简单的猜想结果。

工作还在艰难地继续。为了找出最优 n 边形，并证明出能够证实猜想的上限，需要进行越来越大量的运算。另外，对猜想的最终证明需要新办法，但目前尚无人知晓。

人类的逻辑推理和决策，对于解决几何学最简单的问题，甚至设计自动推理方法（实际上从来都算不上完全自动）似乎都是不可或缺的。计算机作为数学家的助手，无疑会在数学研究中扮演越来越核心的角色。

将来，很难想象一个数学家若没有这个技术助手会怎样工作。计算机服务于主人的愿望，对证明的不同组合部分加以运算和组织，这样才能让主人游览根本无法独自探索的数学处女地。

5. 最优 m 边形

按照定义，单位面积三角形 PQR 内的最优 m 边形是 m 个满足下述条件的点的分布：从 m 个点中取 3 个点组成的三角形中，最小三角形的面积应尽可能大。可以理解为：要求 m 个点最大程度展开。

最优 m 边形的最小三角形面积记作 α_m。$\alpha_3 = 1$，$\alpha_4 = 1/3$ 这两个结果很容易理解。当 m 大于等于 5 时，很难确定 α_m。迄今只有几个已知的值，且还没有得到最终证明。

· 当 $m = 5$ 时，我们猜想 $\alpha_5 = 3 - 2\sqrt{2} = 0.171572875\cdots$。最优五边形（图 A）由德柯米特计算得出：法国里尔基础计算机科学实验室通过自动证明

方法证实了 $\alpha_5 \leqslant 121/625=0.1936$。并且，若我们承认最优五边形的所有点都在三角形PQR的边上，则有 $\alpha_5 \leqslant 0.175$。

- 当 $m=6$ 时，我们猜想 $\alpha_6=1/8=0.125$。奇怪的是，最优六边形为具有两种不同形状的德柯米特六边形（图B、图C）。自动证明方法证明了 $\alpha_6 < 2/15=0.13333\cdots$。
- 当 $m=7$ 时，我们猜想 $\alpha_7=7/72=0.0972222\cdots$ 且最优七边形（图D）是德柯米特七边形。自动证明方法给出 $\alpha_7 \leqslant 0.115$。

这些结果包含好些尚未破解的奇怪内容。首先，计算得到的分布无法预测：我们每次猜测计算结果时都猜不对。其次，所得分布比预期更加不对称。例如 $m=7$ 时，理应在高度上形成对称分布，然而计算结果却不是这样。

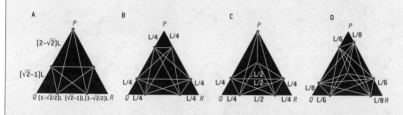

6. 5个点得出的三角形最大面积

三角形中的5个点保证存在一个（从这5个点得出的）面积小于或等于 α 的三角形，这样的 α 最小值是多少？

我们先规定一些术语。五边形ABCDE的"小三角形"指的是十个由顶点组成的三角形ABC、ABD、ABE、ACD、ACE、ADE、BCD、BCE、BDE、CDE中面积最小的那一个（如果若干三角形有相同最小面积，任选其中一个）。此外，给定一个单位面积三角形PQR，我们关注的是三角形PQR内部的五边形，更具体地说是"小三角形"面积尽可能大的那个五边形（即，使ABCDE最大程度展开的那个小三角形）。

如果ABCDE的"小三角形"比A′B′C′D′E′的"小三角形"大，那么就说，五边形ABCDE比另一个五边形A′B′C′D′E′"更优"。有了这些规定术语，最优 α 的问题就等价于单位面积三角形PQR内的最优五边形问题。问题也就变成：单位面积三角形PQR中"最优五边形"ABCDE的"小三角形"面积 α 是多大？

经典"密集性"研究显示存在最优五边形，于是存在最优常数 α。我们无法无限改进 α：常数 α 存在，最优五边形同样存在，这是肯定的，但还有待找寻！

2008年，亚历山大·索佛的学生马修·卡勒提出了一个5个点的分布方式（我们称其为"卡勒五边形"），其"小三角形"面积为1/6。

这个分布方式（图A）指出，我们要找的α大于1/6：这很有意义，由此得到双重不等式1/6≤α≤1/4。若α的最终结果是1/6，卡勒五边形就是最优五边形。但真的是这样吗？

卡勒表示肯定。索佛也在书中摘录了这一论述，并且提出α=1/6的猜想。另外，卡勒在其文章中证明了另一个结果：α≤6/25=0.24。

这个结果的证明要占满整整十页纸，难度虽大，却是一个进步，因为它比五点定理提出的α≤1/4=0.25更胜一筹。

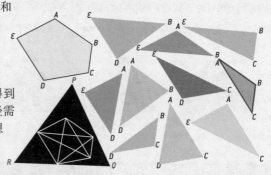

在1/6=0.16666…和 0.24之间，这一区间带来了改进的希望，但也能从中看出证明"卡勒猜想"存在的潜在难度：得到如此平庸的区间已经需要很精细的工作，想得出并证明α的准确值恐怕更难。

弗朗塞斯科·德柯米特和我曾着手借助法国里尔基础计算机科学实验室的计算机研究最优α和最优五边形。我们花了几周时间得出了比亚历山大·索佛和马修·卡勒相对有所改善的三个结果：

- ❑ 一个比卡勒五边形更优的五边形（图B）指出α≥$3 - 2\sqrt{2}$ =0.171572；
- ❑ 一个计算机自动证明指出α≤121/625=0.1936；
- ❑ 另一个计算机自动证明指出，假设最优五边形的顶点在三角形周长上，那么α≤0.175。

这就让我们得出两个新的猜想：(a)α=$3 - 2\sqrt{2}$=0.171572和(b)最优五边形是德柯米特五边形。

我们发现了一个比卡勒五边形更优，且我们认定是最优的五边形，这经过了三个步骤。首先，我们不设定任何特殊性质，尝试了数十亿个五边形，随机寻找最优者。然后，根据最先得到的结果，我们相信最优五边形的所有顶点都应该在三角形的边上，因此，只考虑顶点都在三角形边上的五边形。最后，我们找到的α大概数值又经过了西蒙·普劳夫反算法的验证。当我们给这个计算机系统（http://pi.lacim.uqam.ca/）一个实数的几位小数时，它就能给出这个数的计算公式。这就得出了公式α=3 − 2$\sqrt{2}$，继而让德柯米特找到图B中十分独特的五边形，现在看来很可能就是最优五边形。

　　接着，我们用计算机自动证明了毫无疑点或近似的α区间。我们得出了更大的数值，越来越接近3 −2$\sqrt{2}$。这符合我们之前的猜想。

　　这种计算方法给出了确定的区间，却永远无法证明最终等式α=3−2$\sqrt{2}$。或许，需要采用其他方法。

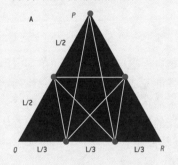
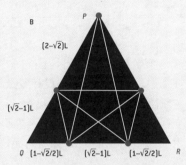

披萨数学家

朋友之间最平常的聚会上也有数学问题产生。我们在披萨店见，练一练怎么均等地切披萨。

一个崭新的数学科目诞生了——切披萨。这门科学看似简单却引出了视觉原理，而且，必须设计复杂算法才能完成严密的推理。一系列结果才刚刚被证明出来，其中不乏多年未解的猜想。这些成果让该研究领域变得更加充实。披萨本是一道那不勒斯的传统美食。数学家们看着从果木火炉里烤出的摊满番茄的面饼，谈笑间思索着一个个光怪陆离的趣题。

直线切割

朱莉和雅克订了一个披萨，二人想要平分。他们打算用下面的办法：经过同一个点直着切 N 刀并且每一刀之间的夹角相等（角度为 π/N），他们轮流分配切得 $2N$ 块披萨。这里，假设他们可以轻易用完美的直线和相等的角度来分割。

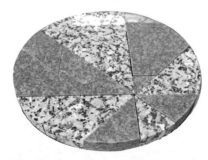

我们还假设披萨是完美的圆形，披萨上面的配料也呈均匀分布。那么，一开始对朱莉和雅克来说，重要的只是均分披萨的面积。当 N 等于 6 时，我们得到一幅图，其中蓝色部分属于朱莉，红色部分属于雅克（参见"均等分割"图 A）。

1 **希拉曼·佛格森的雕塑**，展示了通过几何方法，用四条线将一个花岗岩圆盘均等分割。

若 N 刀都经过披萨的中心，就能实现公平分配，因为切得的每一块都是等大的。若其中一刀经过披萨中心，凭借对称性还是可以公平分配：对分给朱莉的每一块披萨，都有形状一样的另一块给雅克（参见"均等分割"图 A）。

现在，问题变得明确，却也不再那么简单：这种切法是否公平？如果不公平，怎么知道谁占了便宜？若一位客人分得的披萨面积比较大，这块披萨的边缘长度也比较长吗？还有，披萨上的配料呢？假设披萨厚度不均匀，又会怎么样？

⬐ 2. 均等分割

被切割线分成角度相等的披萨块，交替分给朱莉和雅克两人。我们分配披萨块时，总是沿着相同的方向转：例如图A中，朱莉得到蓝色披萨块1、3、5、7、9、11，雅克得到红色披萨块2、4、6、8、10、12。

如果1条切割线经过圆形披萨的中心，便构成了图形的1个对称轴。于是，披萨被公平分配，朱莉和雅克得到的披萨一样多。对于1条切割线的情况，只有切割线经过中心分配才能公平。对于2条切割线的情况，只有当其中1条切割线经过披萨中心时，朱莉和雅克才能得到一样多的披萨，否则没有分得包含中心那一块的人就会因少了红色面积4倍那么大的披萨而吃亏。对于3条切割线的情况，我们假设切割交叉点靠近边缘的极端情况，证明出拿到披萨中心那一块的人分得更多。最后，如果三个人分的话，6条切割线的分配方法可以给出奶酪、火腿、边缘和番茄都相等的披萨块。

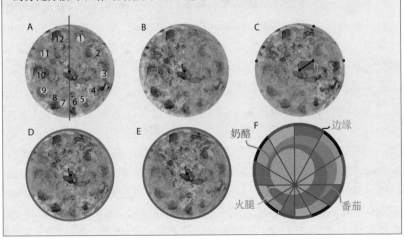

当 N 等于 1 时, 答案很明显 (图 B)。若切割线不经过中心, 包含中心的那一块面积将大于披萨总面积的一半, 那么分到这块的客人就占了便宜。其实他占了两个便宜: 分得的披萨不仅面积最大, 而且边缘也最长。

当 N 等于 2 时, 问题会变得更有趣 (图 C)。答案是: 分到包含中心那块的客人又一次占了便宜。我们可以准确地证实, 他得到的额外面积等于一个长方形面积的四倍。该长方形的对角线为披萨中心点到切割交叉点的线段, 且四条边平行于切割线。

这一次, 披萨边缘的分配很完美: 哪怕将切割交叉点放得离披萨中心很远, 两位客人还能分到等长的披萨边。根据切割线相对于中心的对称性并结合所有切成的面积, 这两条结论很容易证明。

当 N 等于 3 时, 结果仍然是分得中心的客人吃到更大面积的披萨 (图 D)。完整的证明不简单, 但当切割中心点靠近边缘时, 很容易看出结论的正确性 (图 E)。

其实, 通过简单的三角函数计算可以证明, 对半径为 1 的披萨, 如果切割点在边缘上, 分得中心的客人得到的面积是 $\pi/3 + \sqrt{3}/2$, 即披萨总面积的 60.9%。将切割交叉点略微移开边缘, 根据连续性, 结论依然成立。当切割交叉点远离边缘时, 分得中心的人依然保持优势, 但是需要另作推理。

此刻, 如果你更感兴趣的是如何获得更多的披萨边缘, 情况则是相反的: 分得中心的人将获得较少的边缘。像之前一样, 当切割交叉点足够靠近边缘时我们可以轻易证明结论 (图 D); 也像之前一样, 无论切割交叉点在哪里, 该特性均成立。若一位客人喜欢更多的面积, 而另一位喜欢更多的边缘, 大家就很容易达成一致。

当 N 等于 4 时, 拉里·卡特和斯坦·瓦根在 1994 年给出了十分优美的纯图形解法。此前, 该问题曾由美国明尼苏达州圣托马斯大学的乔·康霍伊泽 (1924—1992) 提出并解答。本章第一页呈现的是雕塑家希拉曼·佛格森为纪念该问题而创作的花岗岩雕塑。证明方法在图 3 中详细再现。证明指出, 无论切割交叉点放在哪里, 两位客人都能得到面积完全一样的披萨, 这够惊人吧。通过将面积相减 (参见 "披萨的边缘"), 能推导出当 N 等于 4 时, 即便假设边缘有一定的宽度 (即呈环状), 两位客人也将获得同样多的边缘。

如果切 4 刀，我们永远都能在面积和边缘长度两方面公平地分配披萨，朱莉和雅克知道该怎么做。

如果 N 超过 4，问题就变得更加复杂。当 N 为偶数，我们能通过几步积分运算证明两位客人分得的部分相等，算是对卡特和瓦根通过几何方法获得的结果加以推广。

3. N=4的情况

N 等于 4 的情况更加有趣，通过一种巧妙的分割方法可以证明，朱莉的蓝色部分和雅克的红色部分面积相同，或者用图中的标记方式，a、b、c、d、e、f、g、h的面积之和与A、B、C、D、E、F、G、H的面积之和相等。

推理过程如下：从8块的切割方法开始，我们画出e和D（分别与E和d对称），并根据a和F对称地画出A和f。然后，将h旋转90度得到H，由H得到G，继而引出g、c和C。唯一要证明的一点是B和b面积相等，而找出相同长度的线段并已知所有角度都是45度的倍数，这就很简单。

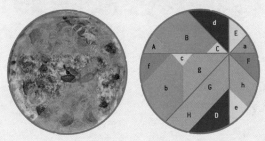

4. 披萨定理

我们画出N条共点交叉且两两之间夹角相等的直线（切割线）来切披萨。然后将2N块披萨交替分配给朱莉和雅克两人。朱莉得到蓝色披萨块，雅克得到红色披萨块。

A. 若其中1条切割线经过披萨的中心点，无论朱莉一开始如何选择，分配给朱莉和雅克的披萨面积相等。

B. 对于4条切割线（以及大于4的偶数条切割线），两人分得面积相等。

C. 对于3条切割线，朱莉若首先挑选包含中心的披萨块，便会得到更多的披萨。该结论对任何形式为4k−1的数字N（3，7，11，15，19，23，…）都成立。

D. 对于5条切割线，朱莉若首先挑选不包含中心的披萨块，便会得到更多的披萨。该结论对任何形式为4k+1的数字N（5, 9, 13, 17, 21, 25, …）都成立。

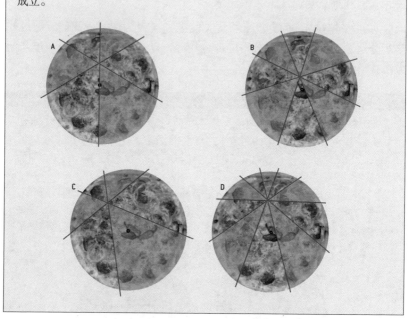

当你请了 M 位客人时

1999 年，杰瑞米·赫赛豪恩和四位家庭成员一起建立了更加一般化的理论：若记 N = 2M，只要我们按顺序轮番分给每位客人 4 块披萨，那么披萨（切成 4M 块）将可以在 M 位客人间公平分配。

例如当 N = 6 时，分配顺序应为：a–b–c–a–b–c–a–b–c–a–b–c。

"披萨的边缘"的推理显示，即使假设边缘有一定宽度，披萨边缘也能在 M 位（或两位）客人间公平分配。

更有意思的是，赫赛豪恩的结论还引出一个推断：若番茄（"均等分割"图 F 中橙色）、奶酪（红色）和火腿（黄色）都呈圆形摆放（圆形中心可以与披萨中心和切割中心点不同），只要切割交叉点在每一种配料圆形的内部，番茄、奶酪和火腿也能在 M 位客人间公平分配。相应的推理方法很简单，只需要应用前面的结论，依次将每一种配料的圆形看成一整个披萨。

也看配料的分配

来看一个绝对值得思考的情况：让我们切一个披萨，披萨上盖着呈圆形铺展的番茄、奶酪和一片圆形火腿。沿直线切 6 刀，每刀相差 30 度，而且经过在三种配料内部的同一个切割交叉点。由此分得的 12 块披萨按照 a–b–c–a–b–c–a–b–c–a–b–c 的顺序分给三位客人，他们会得到完全等量的面饼、披萨边缘、番茄、奶酪和火腿。

对 N 为奇数的切法，两位客人的一般性结论长久以来都停留在猜想阶段。直到 2009 年，瑞克·马布瑞和保罗·戴尔曼经历多年徒劳无功的努力，尝试各种计算机计算之后，终于为下面的美妙结论找到了证明方法。

5. 披萨的边缘

如果朱莉和雅克分得的披萨面积相等（对应的 N 值为大于等于 4 的偶数），披萨的边缘也是公平分配。

先从整个披萨看，参与者分到了相等的面积。再看除去边缘的中心部分，同样，他们平均分割了这个面积变小的披萨。

通过减法，我们可以推导出披萨的环形边缘也在参与者之间公平分配。

在不公平分配的情况下，该推理不再有效（不等关系之间不能随意做减法）。而且，我们还得出，对于两位客人且 N 取值为大于等于 3 的奇数的情况，分得披萨面积最少的客人总是拥有最长的边缘长度。如果恰好一位客人偏爱内部，而另一位喜欢边缘美味的巧克力糖衣，这或许就能体现出圆形糕饼的好处吧。

❑ 若其中一条切割线经过中心，两位客人得到相同的披萨面积和边缘长度（我们已在"均等分割"图 A 中见过，根据对称性，这部分结论显而易见）。否则：

❑ 当 N = 3, 7, 11, 15, 19, 23, …（所有 $4k-1$ 形式的整数）时，分得中心的客人能获得最大的披萨面积，却得到较少的边缘。

❑ 当 N = 5, 9, 13, 17, 21, 25, …（所有 $4k+1$ 形式的整数）时，分得中心的客人获得最小的披萨面积和最多的边缘。

若 N 为奇数，任意数量客人的问题尚未解决。这又是一个棘手的几何难题，恐怕要等到 21 世纪才能破解……甚至更远的未来。

那披萨的厚度呢？

披萨并不是无限薄的！如果我们考虑披萨的厚度或者形状更加多变的其他美食，又会发生什么？当然，我们刚刚针对披萨所讲的结论，对各式馅饼及其他完美的圆柱形食物依然有效。

若有可能，将立体图形切成无限小的圆形薄片，问题就转变成如何针对大量有趣形状提出披萨定理的一般性结论（N 是偶数或者是奇数）。这样一来，就可以推想至倾斜圆锥体（只要顶点在底面之上且切割中轴线经过顶点）、"布丁"（截断的圆锥体）、"瑞布罗申干酪"（截断的凹面圆锥体）、水平截断球冠的半球体、扭绞的柱体或锥体，等等（参见"三维情况的分配"）。

请看更精确的表述：当 N 为偶数或奇数时，图 4 中定理的推广对于用 N 个垂直切割平面切成的任何立体图形 V 都成立，只要：

❑ V 的表面积在下方由圆形水平底面 B 限定，在上方由圆形水平顶面 S 限定（圆形 B 和 S 可以退化为一个点）；

❑ 若将立体图形切割成 $2N$ 块时，N 个切割平面经过同一条直线 A（切割中轴线），且两两构成相等的夹角；

❑ 对 V 的每一次水平切割都会产生一个包含轴线 A 上一个点的圆形 D。

这些适用于体积的定理不能与著名的"火腿三明治定理"混淆。我

6. 三维情况的分配

披萨分配定理（参见"均等分割"）可以借助几个保证条件推广至一些立体图形。推广的关键是将立体图形视为一层层无限薄圆片的堆叠，每一片都按照披萨定理的要求依切割线摆放：切割线的夹角都相等，且都要经过圆盘内部的分割交叉点。

7. 画出相等的弧线

若我们知道如何画出经过同一点且夹角相等的直线时，披萨定理（参见"$N=4n$情况"）才会有意义。一个类似假设引出第二个鲜为人知的披萨定理。这一次，假设可以将披萨的边缘分成$2N$条相等的弧线段。如前，我们在披萨上任意放置一个分割交叉点，就此确定$2N$块披萨，交替分给朱莉和雅克。

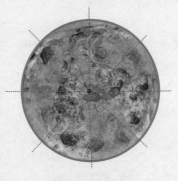

同样，如穆雷·克拉姆金证明的那样，无论N是奇数还是偶数，分配方法都是公平的，两位客人能确定得到相等的披萨面积及相等的边缘长度（这里，边缘要被看作没有宽度的圆周）。

1996年，美国数学协会出版的丛书《道尔齐亚妮数学博览》（*Dolciani Mathematical Expositions*）第18卷中登载的乔·康霍伊泽、魏乐曼和斯坦·瓦根的著作"自行车朝哪里走？及其他迷人的数学奥秘"（Which way did the bicycle go? And other intriguing mathematical mysteries）一文中，可以找到相关证明。

们回顾一下后者在三维空间中的奇特表述：

给定三个具有体积的物体（例如由面包、黄油和火腿组成的三明治），存在一个切割平面可将每个组成部分准确地分割成体积相等的两部分（面包被分成相等的两块，黄油和火腿也一样）。

1942 年，亚瑟·斯通和约翰·塔基对该定理提出了在任意 n 维空间中的证明，证实存在一个超平面，可平均分割具有超体积的 n 个物体。然而，他们并没有说明如何找到分割方法，答案还远在天边。但是，利用披萨定理确实可以找到公平切割的多种方法（例如切 4 刀），这就实用多了。

披萨游戏

火腿三明治定理的二维版本对披萨爱好者来说依然颇有益处。实际上，假设有一块不那么圆的披萨，面饼上按照复杂形状随意覆盖着一种配料（例如番茄酱）。火腿三明治定理的二维版本指出，存在一种可能性，使得沿直线一刀将披萨切成两块，朱莉和雅克能得到相同面积的面饼和相同面积的番茄。

可惜的是，办法倒是有，就是很难实现。同时，确定恰当的切法也非易事，除非运气极好，否则一刀下去恐怕难以公平地分割面饼、番茄和奶酪。

分披萨问题是一个趣味游戏，它也引出了一系列难易不一的谜题，有些困扰多年的难题才刚刚得到解答。我们来看看这个游戏：

- ❏ 这次，假设用经过中心（以切割线为半径）且夹角分别为 α_1，$\alpha_2, \cdots, \alpha_N$ 的 N 刀将披萨切成 N 块；
- ❏ 玩家 A 选择一块；
- ❏ 然后，玩家 A 和 B 每人轮流选择一块，要求该块披萨只有一个相邻披萨块，随即产生唯一的一片不断变大的空白区域。

当然，游戏旨在尽可能拿到最大量的披萨，问题在于怎么找到最好的办法。

若 N 为偶数，存在一个确保第一位玩家至少获得一半披萨的策略。这很容易发现。

若 N 为奇数，存在一个确保第一位玩家至少获得三分之一披萨的策略。

第二个结论并不是 N 为奇数时最好的结果。人们猜想 1/3 兴许可以被改善到 4/9。彼得·温克勒提出的这一猜想已同时被两组研究者证明（参见参考文献及其在线 PDF 文件）。实际上，确保能拿到 4/9 的策略很复杂，但目前为止，我们确信在一般情况下结果不可能比 4/9 还好：将披萨分成奇数块时，某些切法可以让第二位玩家最少获得 5/9 的披萨。只要找到诀窍。

七巧板

　　这是最著名的拼图游戏，启发了无数崭新的游戏变种，以及往往只有计算机才有耐心去迎战的趣味几何题。

　　七巧板大概是最流行的几何游戏了。人人都知道七巧板，也至少玩过一次。著名数学游戏爱好者和发明家森姆·莱特在 1903 年创作的《老唐的第八本书》（*The Eighth Book of Tan*）一书中对七巧板进行了详细阐述。书中提出了数百种用七巧板来摆出的图形，其中一些根本不可能摆出。莱特自称对此很有了解，也详细讲述了七巧板游戏的历史：

　　"根据我手中查林诺教授遗留下来的手稿，中国有七部七巧板的著作，每部都收录了上千种图形。这些图形的起源可追溯到大约四千年前。这几部书十分罕见。查林诺教授在中国居住的四十年间，仅完整见过第一部和第七部，以及第二部的个别篇章。一位英国士兵在北京找到了印在金箔上的该著作片段，并花三百英镑从古董收藏家手里买下。我曾有幸获准复制其中的一些图案。"

　　这段历史轶闻被不断转述，直到 1974 年，马丁·加德纳仔细做了更正，并解释这不过是莱特开的玩笑，纯属虚构。有关七巧板的最早书面记载出现在一本 1803 年出版的书里。的确，这是一本中国书，名为《七巧图合璧》[1]。

游戏并不那么古老

　　七巧板的英文名字是 Tangram[2]，直到 1848 年才出现在托马斯·希尔的著作《青年几何谜题》（*Geometrical Puzzle for the Youth*）中。作家刘

注1　另一说，本书于 1813 年出版。——译者注
注2　七巧板又称"唐图"。——译者注

易斯·卡洛尔和爱伦坡都很喜欢这个游戏，据说拿破仑在圣赫勒拿流放时也曾藏有一副七巧板。这个游戏属于全世界，人们用它来教学和消遣。数十家生产商用木材或者塑料打造出各类产品。很可能，你家里就有一副七巧板。

Tangram 可能是从单词 Tan 发展而来。据称，Tan 一词源于英文单词 Trangram。单词原有两个字母 r，意思是"复杂的玩具"，这里可能被歪曲借用了。在 1913 年出版的《韦氏词典》中，我们找到了这样的释义："Trangram：设计复杂的东西。"

1. 七巧板的世界

七巧板(a)由七块板组成，包括小等腰直角三角形t、正方形c、平行四边形p、等腰直角三角形t'、等腰直角三角形t"。所有拼板都可以由最小的那块（共有两块）边长为1和$\sqrt{2}$的等腰直角三角形t得来(b)。森姆·莱特臆造了一位姓唐的中国人为七巧板的发明者，创作了《老唐的第八本书》(c)。图d中是一本19世纪中国几何学家撰写的七巧板趣味书。图e是七巧板爱好者提出的成千上万个图案中的若干例子。

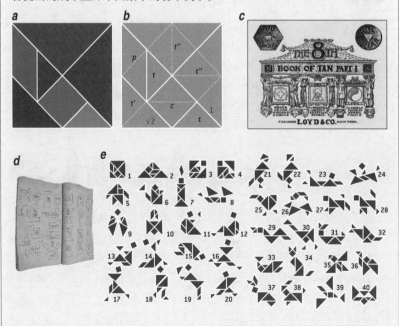

游戏有助于让低龄儿童熟悉基本的几何形状。但是，如果游戏的目的仅限于重新摆出盒中附带的小册子上印着的轮廓图，这就和数学没多大关系了。事实上，七巧板也引出了众多真正的数学问题，其中一些还颇具难度，甚至无解。

我们先从最简单的开始，只考虑经典七巧板游戏的七个固定的形状：两个小等腰直角三角形 t，一个正方形 c，一个平行四边形 p，另一个等腰直角三角形 t'；c、p 和 t' 都能通过两个 t 组合得到；最后，两个大等腰直角三角形 t"，每个都可以由四个 t 得到。一共 7 块拼板。

设 t 的短边为单位长度，它斜边的长度就是 $\sqrt{2}$。正方形 c 的边长为 1；平行四边形 p 的两边长分别是 1 和 $\sqrt{2}$；三角形 t' 的两边长分别是 $\sqrt{2}$ 和 2；三角形 t" 的两边长分别是 2 和 2 $\sqrt{2}$。

我们还应把玩家们需摆出的图案分成三类。

"一般图案"：一个整体，每块板仅限使用一次，当然也不能有重叠。图 1e 里的图案中，除了图案 11 有一块和其他部分分离，其余的都是一般图案。

"紧凑图案"：要求其周长在拓扑上等价于圆的一般图案。其实，这是要求图案是一个整体并且中间不能有空洞。图案 1、2、33、35、36 就是紧凑图案（参见下面图释）。图案 10 不是紧凑图案，因为中间有空洞；同样，图案 40 也有两个空洞。图案 6、7、8 也不是紧凑图案，因为有两部分仅由一个点而不是一条线段相连。

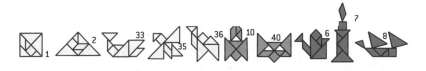

第三类图案属于"整齐图案"（snug-motifs，英文 snug 意为小而整齐）。整齐图案的限制更多，思路是每一块板都是取同一个小等腰直角三角形 t 一次、两次或四次得到。根据罗纳德·里德给出的定义，整齐图案也是一种紧凑图案：将每块板分解成两个等腰直角三角形 t，若两块板共用一条线段，则它们的两个基本三角形 t 一定至少共用一条边（这条共用边可以是基本直角三角形的短边或斜边）。我们注意到，上述规则对每一块板进行了严格的方向限制：如果正方形水平放置，则所有长度为 1 或 2 的边都必须沿水平或垂直放置，其他边（长度为 $\sqrt{2}$ 或 $2\sqrt{2}$）都要放置在对角线方向的直线上（呈 45 度或 135 度）。图案 1、2、5 是整齐图案。相对地，图案 35 和 36 就不是整齐图案。

"七巧板之谜"展示并解决了一些关于这些形状的数学问题。

在针对七巧板的专著中，马丁·加德纳提出了五边形紧凑图案的数量问题，并给出了答案和推理方法来验证。遗憾的是，他的推理中存在一个小错误，招致大批读者来信投诉。加德纳对这些愤怒的来信加以分析和整理，历经艰难最终得出了正确答案，并将其发表。你也可以试着找找答案，或者，为此编个程序吧（参见"马丁·加德纳的五边形图案"的解法）。

漏掉的计数

七巧板三种图案的计数问题，可以很容易，也可以很复杂。一般图案和紧凑图案显然多到无穷。一些图形组可以旋转或者连续平移，令无穷多的图案难以计数（就像实数而非整数一样无穷多）。而整齐图案的数量则是有限的：在图案构造中每增加一块板，拼板只能摆放在有限数量的位置上。

这样逐步建立的方法让我们能够找到整齐图案数量的最大值（上限），步骤如下。

❑ 构造图案的每一步中，将七巧板 30 条边中的 2 条（或更多）拼接在一起。这里的"边"指的是组成七块板的基本三角形 t 的边，七块板总共有 30 条这样的边。我们给每条边编上 1 到 30 的号码。

❑ 构造一个图案需要 6 步，因为放了第一块板以后，我们用 6 步来拼接剩下的板。

❑ 在 1 到 30 之间，最多用 12 个数字就可以确定一种可能的摆法：最初两个数字表示第一次拼接的两条边，接下来的两个数字表示第二次拼接的两条边，依此类推。

❑ 结论：最多有 $30^{12} = 5.3 \times 10^{17}$ 个整齐图案。

2. 七巧板之谜

A. 一个一般图案最大的边数是多少？

一切都取决于我们把什么算作图案的边。

1, 2?

如果把一块板的顶点放在另一块的边上，托着第一块板顶点的边仍视为一条边，答案就是23。如图案1所示，一个女人向前伸出双臂，七块板的23条边都保留了下来。

或者，将托着第一块板顶点的边算成两条边，因为沿着图案的边界走，我们会先经过这条被切断的边的一部分，而后再经过另一部分。这样答案就是29（23+6），因为我们会连着6次增加一条边。

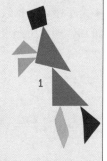

1

B. 一个紧凑图案最大的边数是多少？

答案是23。

我们设法连续6次把一块板放在一条更长的边上，并让长边在前和后各留出一截。每次虽然少了一条边（被放置板块的一条边消失了），却因那条长边前后新生两条边而又增加一条边。

我们可以看出（图案2），这样的操作可以连续进行6次，并且七块板的最初边数23在拼得的图形中没有改变。

C. 一个整齐图案最大的边数是多少？

答案是18。下面是罗纳德·里德提出的巧妙证明。

2

七巧板的七块板总共有30条"边"，而这里"边"指的是小等腰直角三角形t的边。比如，按照这种特殊定义，每个大直角三角形t"的周长由6条"边"组成。当我们构造一个整齐图案时，每增加一块板，必定至少将30条"边"中的两条拼接在一起，而这两条将不再是最终图案的"边"。在构造图案的过程中，消失的"边"数不可能少于12（连续6次，每次消失2条）。我们能得到的最好结果就是18条"边"的图案。

3

图案3中的小狗就是证明。该图案中18条特殊意义的"边"又恰巧是小狗图案通常意义上的边。于是，通常意义上有可能留有18条边，我们无法再改善。

当然，若干不同的 12 个数字组成的序列可能得到同一个图案，有些序列可能因为重叠或在选择 12 个数字时选到不可用的边而无法得到真实的图案。我们刚刚算出的数字其实是一个很宽泛的上限。

整齐图案的准确计数问题实在是太难了，直到 2004 年才有解。罗纳德·里德借助计算机程序得出总共有 4 842 205 个图案。这一计数结果并未广为流传。无论是法文还是英文版的维基百科都没有提到它。而且，据我所知，没有任何网站和书籍提及该结果，就连我自己也不觉得它已经过论证。

最后一个困难的计数问题值得仔细研究。为了避免滑动，我们假设紧凑图案具有下面的属性：若板的两个边共用一条线段，则必共用一个端点。

这些"对齐图案"（英文称作 fully matched）的数量比整齐图案还多。显然，任何整齐图案都是对齐图案，反之却不然。例如，图案 31（参见"七巧板的世界"图 e）不是整齐图案（虽然某些板共用一条线段，基础三角形 t 的边却没有对应好），但按照上述意思却是一个对齐图案。

很容易看出，只要对齐图案的一块板放好了，其他板的顶点便只能占据平面上有限数量的点。因此，对齐图案的数量也是有限的。维基百科指出应该有 613 万个对齐图案。这个数字与罗纳德·里德算出的整齐图案数量差太多，根本不匹配，但再没有比这更精确的数字出现。我无法查明这一结果是近似估计值，还是没有完整重现的精确计算成果。

若允许图案里有空洞，便可拼出更多有趣的图样，或者干脆不用完所有的拼板，甚至允许拼板之间存在重叠等等。这个举世闻名的游戏似乎有一系列计数问题至今尚未探讨。

3. 马丁·加德纳的五边形图案

用七巧板摆出的 53 个五边形之中，只有 22 个是整齐图案（绿色）。近来，菲利普·穆同开发了一个计算机程序，证明七巧板的确能生成 22 个五边形整齐图案。另外，他还成功得出以下结论：有 200 个六边形整齐图案、1245 个七边形整齐图案、6392 个八边形整齐图案和 27 133 个九边形整齐图案。

菲利普·穆同在近期的研究中思考了是否存在与七巧板类似，却在严格意义上更完美的拼板游戏。

王福春在 1942 年发表了一篇文章，证明在七巧板构成的所有图案中，有 13 个凸图形摆法。凸图形的定义为：在图形中任取两点 A 和 B，线段 AB 完全包含在图形中，则该图形即为凸图形。因此，圆盘是凸图形，而十字不是。

凸图形

凸图形最难透过轮廓来摆放，因为它们的轮廓仅透露出极少的七巧板位置信息。用少许几块板就能摆出多种不同的凸图形，这是七巧板游戏的优美之处，也确保了我们能够摆出多种有趣而困难的图形。让我们用这第一条质量标准来衡量类似七巧板的拼图游戏，看看它们可以拼出多少凸图形。

我们拿来和七巧板比较的拼图游戏将采用这样的拼板：每一块拼板皆由若干等腰直角三角形 t 通过边拼接起来（这些图形往往被称为 polyabolos），总共包含 16 个 t（如同七巧板的七块拼板共由 16 个三角形 t 组成）。其实，我们也希望使用的拼板能组成一个正方形，这样就可以像七巧板一样，很容易地把玩具收到一个方盒子里。

早在 1942 年，王福春就指出用 16 个等腰直角三角形能构造出 20 种凸图形，而非仅仅 13 种。七巧板就少了 7 个。缺少的 7 种图案很容易找到：它们都很长，七巧板两个大等腰直角三角形 t'' 超出了其宽度（参见"凸图形"）。

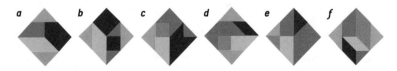

众多发明家和玩具厂商都拿出了堪与七巧板竞争的游戏，包括 Regulus（5 块，参见上方图 a）、Pythagoras（7 块，图 b）、Revathi（7 块，图 c）、Chie-no-ita（7 块，图 d）、Cocogram（6 块，图 e）以及 Heptex（7 块，图 f）。

每一个游戏都能用 16 个等腰直角三角形摆出 20 个凸图形中的某几个。可以摆出的凸图形数量的计算结果按大小排序如下：Regulus 是 7 个、Pythagoras 是 12 个、七巧板是 13 个、Revathi 是 15 个、Chie-no-ita 是 16 个、Cocogram 是 16 个、Heptex 是 19 个。

七巧板排名居中，远非冠军。Heptex 也由七块组成，却能完成 19 个凸图形，几乎达到了 20 个图形的最大值，将七巧板远远甩在后面。

七巧板包含两个重复形状的板，我们说有两个重复板。如果一块拼板在游戏里反复出现了 3 次，我们也说有两个重复板。按照这样的说法，一个游戏的总板数就是不同形状的板的数量，再加上重复板的数量。

菲利普·穆同研究了这个参数，想查清存在大量重复板到底好不好。拿共由 16 个等腰直角三角形组成的七块板来说，重复板的数量从 0 到 5 不等（因为如果有 6 个重复板，就是说有一块被用了 7 次，而 16 不能被 7 整除，所以假设不成立）。

来看看结果：没有重复板时，最多能得出 15 个凸图形（Revathi 的情况）；有 1 个重复板时，最多能得出 16 个凸图形；有 2 个重复板时，最多能得出 19 个凸图形（Heptex 的情况）；有 3 个重复板时，最多能得出 19 个凸图形；有 4 个重复板时，最多能得出 18 个凸图形；有 5 个重复板时，最多能得出 15 个凸图形。

↘ 4. 凸图形

用七巧板可以摆出13个凸图形，用16个等腰直角三角形可以构成额外的7个凸图形。

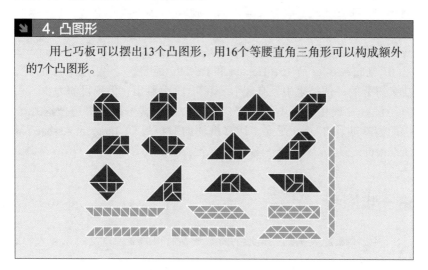

我们得出结论：对于七块板的游戏，为了能生成众多凸图形，有太多或者太少的重复板都不行。

评比的多重条件

仅仅把能组成的凸图形数量当作评判拼图游戏优劣的条件，确实太简单、粗略了。

于是，菲利普·穆同精心选取了更复杂，却更精细的指标 $Z = L + A - P - D + F + C$，并称之为 Z 得分。其中，L 代表游戏里拼板不同长度的边的数目（L 越大，游戏越多变、越好玩）；A 代表游戏里拼板不同角度的数目（和 L 一样，A 越大越好）；P 代表游戏里拼图板本身的数目（为了使游戏精致而有趣，P 不能太大，所以 P 前面是减号）；D 代表重复板的数目（最好能避免，所以 D 前面是减号）；F 代表该游戏可以组成凸图形的数目（如上，我们希望 F 越大越好）；C 代表是否能拼出一个正方形：如果可以，C 等于 1，否则 C 等于 0。

当然，分值系数的设计也可以有所不同，比如给某一项加上更多权重，比如将 Z 的公式定义中的 F 换成 $2F$：$Z' = L + A - P - D + 2F + C$。

尽管菲利普·穆同的 Z 系数并不完美且有待商议，但仍是评判游戏趣味性，或者开发新游戏的好办法。对由 16 个等腰直角三角形组成的游戏，菲利普·穆同计算了它们的 Z 得分。之前提到的各种经典拼图游戏在结果中表现突出，排名都不错。七巧板的 Z 得分是 12，Pythagoras 是 10，Chie-no-ita 是 16，Heptex 和 Revathi 都是 17。更有意思的是，在 Z 得分的评估结果中，有 8 个游戏以 19 分胜出，但到目前为止，我们还没有发现相关拼图游戏浮出水面。菲利普·穆同决定把这几个拼图游戏叫作 TAO，意为"计算机辅助七巧板"（Tangram Assisté par Ordinteur，参见"菲利普·穆同的 8 个 TAO 图形"）。

进一步思考

假设不断加大基础三角形的总数量，所得的 Z 值就会越来越大。Z

似乎可以无穷增大，这便是菲利普·穆同提出的猜想。比七巧板更为复杂的趣味游戏也应运而生，请大家到他的网站上去看一看。

　　Z值还在被不断完善，人们在继续探讨拼图游戏在生成对称图形或是其他方面的能力。

　　上述研究在计算游戏生成整齐图案或对齐图案的数量时遇到了瓶颈。而这些难以计算的数字对评估游戏的趣味性有着至关重要的意义。以此为基础对各类拼图游戏进行比较，也许会与通过凸图形获得的评比结果不谋而合。或者，我们还会发现能再次令小学生和几何游戏爱好者们沉迷两千年之久的"终极七巧板"。

⬚ 5. 菲利普·穆同的8个TAO图形

　　采用比可行凸图形数量更加准确的指标Z（参见正文），菲利普·穆同找到了8个类似七巧板的拼图游戏，比目前为止发明的任何游戏更优越。穆同把它们称作TAO（计算机辅助七巧板）。它们的Z值等于19。穆同采用的指标考虑了拼板的个数（不应太多）、拼板形状的多样性（越多越好），以及能够生成的凸图形数量。

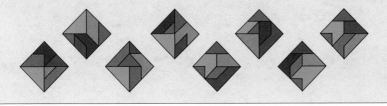

第二章

三维空间的游戏

无论是设计数学雕塑、计算砖块的码放方式、解决索玛方块难题、悬挂画框或是寻找魔方的最优解法，都要运用三维空间观察能力。结合最为严密的逻辑推理，游戏会带给我们源源不断的乐趣！

两位数学雕塑家

机器可以"打印"三维的数学雕塑。乔治·哈特和芭丝谢芭·葛洛斯曼就是使用此类设备创作雕塑的艺术家。

空间并非被动存在，而是以它的特性紧紧束缚着置于其中的结构。

——亚瑟·洛布（1923—2002）

有人将一生献给数学，往往出于对其所蕴藏美感的叹服。普通人面对公式和精妙的推理无动于衷，对其中的美无从领会，反而觉得这样的研究索然无趣。

然而，一旦数学家将方程式和证明翻译成图像语言，"数学之美"就会立即显现在众人眼前：如同伊斯兰铺砌艺术和分形学所阐释的数学世界的美学，即便不知晓内在原理，大家也都被深深吸引。当数学家从研究工作中推衍出三维物体时，就会产生令人称奇的效果。于是，很多艺术家都曾萌生过展现数学雕塑的想法。

快速成型

乔治·哈特和芭丝谢芭·葛洛斯曼的雕塑可谓非同凡响。这两位美国艺术家兼数学家，以任何传统工匠或艺术家不可企及的精确度，将自己构思的物体具体化。他们的秘诀之一是运用快速成型和小批量工业品生产技术，也就是制造拥有精确几何构造的汽车和飞机模型，或生产复杂机械零件的技术。尽管今天人人都知道计算机程序可以打印图像，我们却常常忽略计算机程序还可以雕塑形状：无需使用木材、大理石、黏土或是石膏，经过程序运算自动雕塑物体，将抽象概念直接转化成三维数学形状。

Sauf mention contraire, les illustrations sont de George Hart et Bathsheba Grossman.

1 **乔治·哈特的集体创作。** 2008 年 3 月，在亚特兰大举办的向美国数学家马丁·加德纳致意的聚会上，乔治·哈特组织完成了几何作品"罗盘指标"（Compass Points）的拼装。铝制模型由 60 个预先用激光切割的部件（30 个顶角为 90 度，另外 30 个顶角为 116.5 度）和 510 个螺钉组成。雕塑的第一部分包括 30 个部件，成品形状接近星形小十二面体（多面体与左边红色图例相似，12 个顶点，即 5 个部件的相接点，由红点表示）。另外 30 个部件每 3 个在 20 个新顶点（蓝色）相接，在空间中按照形变十二面体（左边蓝色图例）的顶点排列。每一个新加上的部件都在中心通过螺丝连接在一个第一级部件上，使整体变得很坚固。整体呈现一个星形十二面体和一个形变十二面体的交织。伸出的部件之间通过各自中心部分相连。在右下角的照片中，我们可以看出顶点的五重旋转对称性。

为了将储存在计算机文件里的数学模型转化为实物，需要通过数字化切割技术预先将物体形状切成平行的薄片。这些计算生成的薄片继而投入自动化生产，并组装成想要的部件。有一种技术叫作"选择性激光烧结"（SLS）：用激光加热一种粉剂却不致其熔化，借此将颗粒结合在一起，如同陶器制作中的焙烧过程。然后，去除未结合的颗粒，逐层加热，渐渐自动生成电脑计算得出的物体。

"立体光刻"与选择性激光烧结原理类似，也是一种激光雕刻法。这一次，采用能在光或热作用下聚合的液态树脂材料。与上述工艺相同，激光逐层固化数字模型设计出的物体。固化结束时，从槽中取出模型，未聚合的混合物被溶解。最后，通常需要焙烧使模型硬化。根据不同需要，材质可以有多种变化，例如在树脂中加入金属粉末。这种方法不但可以用于制作成品，也能用来制作模具，继而大批量生产一模一样的物体。

三维打印（也称 3D 打印）的优势是可以实现其他工艺难以实现的复杂形状。然而，一旦涉及相同物体的大批量复制，三维打印就显得缓慢而昂贵，因此，用它来制造模具更加合适。

受启发的雕塑家

从程序计算出的数字模型蜕变为可以拿在手里把玩的实物，这一过程中近乎完美的精准度引起了"数学之美"爱好者们的兴趣。哈特和葛洛斯曼这两位数学家在此取得了最引人注目的成果。

哈特居住在美国纽约旁边的石溪，是纽约州立大学石溪分校计算机系的教授。他在几何领域的研究荣获多项大奖，其数学雕塑作品也在众多知名场所展出。除此之外，他在世界各地组织集体建造自己设计的巨型多面体。在这些活动中，他亲自提供基础材料并进行讲解。通过指挥十人、二十人或者三十人一起

2 乔治・哈特展示通过快速成型技术得到的谢尔宾斯基四面体。

工作，哈特在几个小时之内就可以完成一件崭新的数学雕塑，令人叹为观止（参见"乔治·哈特的集体创作"）。

哈特也是一家多面体雕塑艺术网站的作者（http://www.georgehart.com/virtual-polyhedra/vp.html）。他与亨利·皮乔托合著的《Zome 几何：动手学习 Zome 模型》（*Zome Geometry. Hands on Learning with Zome Models*, Key Curriculum Press, 2001）[1] 介绍了一个建造多面体的系统 Zome-system（参见 http://www.zometool.com/），并描述了该游戏的应用方法。同时，这本书也提出一门几何课程，如果能用于实际教学，一定会让学生迷上数学。

多年以来，哈特采用快速成型技术创作雕塑，其中大多数作品无法用其他方法实现。

"触摸第四维"图 a 展示的雕塑是四维空间中正多面体在三维空间里的投影。这个正多面体叫作"超十二面体"，由 120 个相同的十二面体组成，其中每一个都有 12 个五边形的面。这些十二面体被按照完美的数学规则连接起来，即彼此之间扮演着相同的角色。当然，一旦投影到三维空间里，这 120 个十二面体就不再相同。正如组成正四面体的 4 个等边三角形投射在二维透视图上会变形一样，四维物体的对称性也无法完美再现。不过，所得物体仍保留着优雅动人的美感，依然引人瞩目。

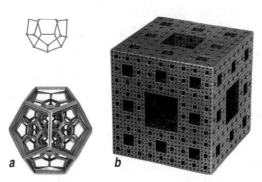

3 触摸第四维：哈特通过快速成型得到的雕塑（左图）是四维空间物体"超十二面体"在三维空间的投影，超十二面体在四维空间等价于正十二面体。超十二面体有 120 个"面"，即正十二面体（在中间），其中之一用红色标出。右图中的门格海绵，是葛洛斯曼的一件分形作品，同样采用了快速成型技术。

注 1　Zome，一种用小球连接棍子构造多面体及各种几何形状的模型玩具。——译者注

如果用选择性激光烧结机器来制作，所需的计算机数据文件是现成的，你也可以买到选择性激光烧结法制成的金属样本（参见 http://www.bathsheba.com/math/120cell/）。这件雕塑在美国哥伦比亚广播公司拍摄的电视剧《数字追凶》（*Numb3rs*）中出现过多次。

哈特还以其他四维空间形状在三维空间的投影为主题创作雕塑，其中就有"截断的超十二面体"。该多面体由 120 个十二面体和 600 个四面体组成。将之前的多面体在四维空间内加以特殊处理，例如，在三维空间里切掉立方体的顶点，得到 8 个等边三角形和和 6 个八边形，即可得到新的多面体。

哈特还采用快速成型技术（选择性激光烧结或立体光刻），首次制成了迈克尔·戈尔德伯格在 1937 年描述的多面体。这是一个表面由 960 个六边形和 12 个五边形组成的类球体（参见 http://www.georgehart.com/rp/rp.html，第六幅照片）。

哈特借助快速成型工具编程并实现了两个美妙的分形雕塑：谢尔宾斯基四面体和门格海绵。

瓦茨瓦夫·谢尔宾斯基（1882—1969）三角形可能是大家在数学世界及现实世界最常见的分形图（参见"乔治·哈特展示谢尔宾斯基四面体"），它出现在谢尔宾斯基四面体的一个面上。这种三角形的定义极为简单：从任意一个实心三角形开始（若是等边三角形，结果会更好看），将三边中点的连线形成的中心三角形去掉。在得到的 3 个三角形内分别重复上述操作，又得到 9 个三角形，之后再次重复操作，依次类推。该形状的分形维度是 ln(3)/ln(2) = 1.58496。这个数字介于 1 和 2 之间，意味着该形状介于一条曲线和一个曲面之间。

触摸分形图

我们可以看到，只要将帕斯卡二项式系数表（帕斯卡三角）中的偶数项涂黑，奇数项涂白，就会出现谢尔宾斯基三角形。在知名益智游戏"汉诺塔"的可能形状示意图中也能找到类似图形。计算机科学家无比热衷汉诺塔，就是因为可以用它来解释递归程序。此外，逻辑"异或"运算符（XOR）算得的 0 和 1 示意图、细胞自动机产生的图像、某些贝类的彩色图案及其他众多数学场景中，我们也能找到这种三角形。但这些场景之间没什么直接联系（参见 http://www.cut-the-knot.org/triangle/Hanoi.shtml 和 http://en.wikipedia.org/wiki/Sierpinski_triangle）。

谢尔宾斯基三角形如同常数 π 一样无处不在，出现在很多相对独立的数学问题中。谢尔宾斯基三角形的三维版本称为 Tetrix，同样源于重复去除的原理。这一次，我们从一个四面体出发，逐步地重复去除越来越小的中心四面体。奇怪的是，它的分形维度和曲面一样等于 2。原因是，在构造图形的每一步中，我们将所有小四面体都并排排列在初始四面体的一个面上。

哈特实现的是五阶版本，即由 $4×4×4×4×4 = 1024$ 个小四面体组成。我们需要确定小四面体之间的位置，确保它们相互连接：理论上，两个四面体最多只有一个公共点，这会让雕塑极不稳定！另一件三维分形杰作——卡尔·门格海绵（参见"触摸第四维"图 b）也有类似原理定义：将立方体分割成 27 个相等的小立方体，然后，去掉 7 个不包含任何原立方体棱的立方体（即中心立方体，以及有一面位于原立方体 6 个面中心的 6 个立方体）。此后，再对剩下的立方体进行同样的操作，得到 400 个更小的立方体，随后是 8000 个，依次类推。门格海绵的维度是 $\ln(20)/\ln(3)=2.7268\cdots$，介于二维平面和三维立体之间。

这一分形物体（参见"触摸第四维"）提供了一次锻炼敏锐观察和思考能力的机会。问题来了：如果我们用一个经过原立方体中心及相邻两条棱各自中点的平面（这三个不在同一直线上的点可以确定一个平面）将门格海绵分割成相等的两部分，截面会是什么形状？在思考这个视觉谜题的答案之前，你可以先用一个简单的立方体研究一下（答案参见本节末尾）。

大家都见过，雕塑家用一整块材料细心雕刻出缠绕在一起的多个木质环。借助快速成型技术，复杂的艺术创作得以更进一步发展。"七个嵌套球体"展示的数学雕塑，若不借助快速成型技术便无法实现：7 个由很小的面组成的多面体相互嵌套，不采用任何粘贴和焊接，每个多面体都是一个整体。

套球的艺术

借助计算机工具进行基因序列分析，被称为"计算机生物学"（biology in silico）。这种在实际呈现雕塑之前以抽象手段构思雕塑的技法，可称作"计算机雕塑"（sculpture in silico）。哈特认为，这种技艺充满无限可能，很快，人人都能使用："今天，这还是一种相对昂贵的技术，主要用于先进产品的设计或大学研究中心的科研工作。然而在不远的将来，也许在十年之内，它的成本将会降低。人人都能用 3D 打印机来创造有趣的物体。这就像激光打印机的普及过程一样。20 世纪 70 年代初，第一批激光打印机价值数千美元，而现在它们已遍布所有学校和办公场所。"

我们要介绍的另一位艺术家是芭丝谢芭·葛洛斯曼。她说，自己虽然比常人多做了一些数学研究，却并不自认是数学家。对她来说，运用技术——尤其是快速成型技术，显得必不可少，其他方法不能帮她将构思变为现实。

4 哈特用快速成型技术制做的**七个嵌套球体**。每个"球"都是一个整体，可以独立旋转。这件雕塑的灵感来自如今依然活跃在某些亚洲国家的传统雕塑技艺（参见右图）。每个球都按照一个不同的戈尔德伯格多面体制作而成。1937 年，迈克尔·戈尔德伯格围绕 12 个五边形构造出各种多面体。其中之一现用于表达碳 60（C_{60}）的分子结构，即富勒烯。从最里到最外，多面体的面数分别是 252、272、282、312、362、372、392、432、482 和 492。加工结束时，每个多面体上的 12 个五边形在各个多面体之间能够相互对齐，可以从中看到 10 个球的中心。移动小球，试着将它们重新对齐，这也算是一个小益智游戏吧。

5 **极小曲面。**芭丝谢芭·葛洛斯曼有两件独特的雕塑作品尤其值得留意——Giroid 和 Swchartz'D。创作灵感来自数学极小曲面。外轮廓一旦确定，依靠这一轮廓有一个面积最小的曲面。给定一些特殊的轮廓，就能得到漂亮的曲面。比如，当我们将其周期性地无限延伸（往三个方向上），就可以将整个空间分成拥有同样形状的两个互补部分。两个相同的世界彼此交织，却又相互隔绝，美妙的视觉幻象耐人寻味。

她详细描述了自己的工作方法："我的雕塑创作从审视一个形状开始，有时是非常熟悉的形状，比如立方体，有时则是不太常见菱形十二面体或其他形状。然后，我用纸、牙签等工具，或者单凭想象试着确定设计的可行性。一个有趣的形状就这么浮现在脑海里，我要想法实现它。我也会构想出自己无法恰当、形象表达的抽象形状。这可能是最有趣的过程，我无法确定构想中的形状到底会呈现何种整体效果，通过完成雕塑，才能看到作品最终的模样。一旦确定了精确模型，我会采用计算机辅助设计（CAO），例如 Windows 操作系统下的 3D 建模工具 Rhinoceros。只要有需要，我也会选用别的软件。有时候，我甚至会变身程序员，自行开发计算机工具来完成目标。编程不是我的工作核心，但我却很高兴能用上这样得心应手的工具。"

芭丝谢芭·葛洛斯曼的作品

葛洛斯曼利用选择性激光烧结创作的雕塑作品主要分为两类。一类源于纯粹的数学模型，如类似哈特创作的四维多面体投影，或源于高级数学理论的一些极小曲面。另一类就像前面介绍的那样，完全源于她抽象构思的形状。尽管这些作品常常充满对称性，其他数学家却从未想到过，堪称独创之作。没有葛洛斯曼的努力，可能谁也不会见到类似作品。

葛洛斯曼主张艺术是属于大众的，如同一本印刷数千册的书，人人都可以购买。她希望自己的雕塑尽可能让大众都买得起，而不是卖到天文数字的限量品。现在，只要花几十美元，人人都能在网上买到她的作品。

多年来，葛洛斯曼一边靠当程序员、中学教师或记者谋生，一边不懈追求自己的雕塑梦想。今天，她终于能凭借自己的艺术作品维生，这尤其要感谢互联网。葛洛斯曼希望其他雕塑家以她为例，在创作雕塑中的每一步借助先进的科学技术，向广大公众传播自己的作品。

哈特和葛洛斯曼采用快速成型技术实现自己的创意。这些激光机还帮助葛洛斯曼实现了一种完全不同的数学雕塑——在玻璃内部进行三维作画。这是三维打印的另一种形式。

激光的另一个用途

这一次，人们希望利用激光精确加热透明玻璃体内的一点，使该点变得不透明。这种三维书写方式激发了新的雕塑概念，用以制造各种画着动物、建筑物或者人物图案的摆件，甚至在较小的透明体内创作三维人像。

当然，玻璃内激光雕塑是展现数学艺术的好方法，葛洛斯曼也是这样想的。她的作品再一次呈现出分形和复杂的几何物体。一些图案并不连续，故而无法用快速成型技术实现。玻璃内激光书写技术实现了全新的雕塑作品，更加轻盈，完全摆脱了平衡性与坚固性难题的束缚。

玻璃内激光书写技术还帮助葛洛斯曼创作出与数学无关的雕塑作品，例如银河、胰岛素蛋白、血红蛋白变体、一个 DNA 片段、碳 60 分子、嵌套多面体开普勒太阳系模型，等等。

技术揭开了雕塑的全新面貌，帮助艺术家，尤其是有感于数学神奇之处的艺术家塑造无可比拟的美妙形体，供大家欣赏把玩。快速成型和3D 玻璃雕刻机有望很快普及，令人翘首以盼。而哈特和葛洛斯曼这样的艺术家已指出一条光明之路，抽象思维大师专享的数学之美终于能走入寻常百姓家。

揭开谜底

正方体与经过其中心和相邻两条棱各自中点的平面相交，所得截面是一个正六边形。对门格海绵来说，该截面则是一个分形六边形（图 a），其星形的锯齿来自镂空的立方体（图 b）。

最大悬空问题

垒砖块、多米诺骨牌或者糖块，找出形成最大悬空的堆叠方法。人们才刚刚解决这一微妙的平衡谜题，而答案全然出乎意料。

我们都有过玩垒糖块、垒多米诺骨牌或者垒砖块的经历。垒出尽可能大的悬空部分是个不小的挑战。好在，我们用下面的方法可以让悬空部分要多大有多大：最高的砖块相对它下面一块砖的摆放位置需错开半块砖的长度，下面那块砖则相对再下面一块砖的位置错开 1/4，再下面那块砖又相对更下面的砖块错开 1/6，依次类推。如果共有 n 块砖，顶端与底端砖块的位置错开距离为（参见"平衡的砖块堆叠"）：$1/2 + 1/4 + 1/6 + \cdots + 1/(2n) = 1/2(1 + 1/2 + 1/3 + \cdots + 1/n)$。

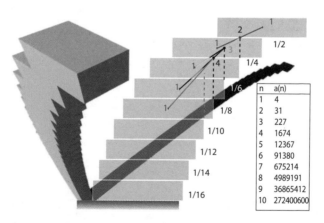

n	a(n)
1	4
2	31
3	227
4	1674
5	12367
6	91380
7	675214
8	4989191
9	36865412
10	272400600

1 平衡的砖块堆叠：上面 n 块（质量为 n）和第 $n+1$ 块（质量为 1）的质心与第 $n+2$ 块的端点垂直。对于单位长度的砖块，第 n 块相对于其下第 $n+1$ 块的悬空长度是 $1/(2n)$。表中给出了通过对数堆叠法得到长度为 n 的悬空所需要的砖块数量 $a(n)$。

2 **无穷抛物线堆叠**（弗朗塞斯科·德柯米特的图画）。给定砖块数目的情况下，该示意图展示了比对数堆叠更好的堆叠法，能得到更大的悬空。

我们称 $1 + 1/2 + 1/3 + \cdots$ 为"调和级数"，前 n 项的和约等于 $\ln(n)$，并且缓慢而确定地趋于无穷。取足够多块砖，"对数堆叠"的顶端相对底端的悬空长度想要多少都可以，比如砖块长度的 1000 倍。若用 4 块砖，悬空长度超过 1，因为 $1/2 + 1/4 + 1/6 + 1/8 = 1.041$；若用 31 块砖，就超过 2。要使悬空长度超过 3，需要 227 块砖；超过 10，需要小心摆放 272 400 600 块砖……斯隆数列百科全书中的数列 A014537（http://oeis.org/A014537）给出使悬空达到 n 所需的砖块数量 $a(n)$。简单计算可以得出，为了使悬空增加一块砖的长度，大约需要将砖块的数目乘以 $e^2 = 7.389\cdots$。

不用水泥、胶水、螺丝螺栓就让堆叠能够保持平衡，用均匀的平行六面体堆叠要多大有多大的悬空长度，这似乎不合常理。1964 年 11 月，马丁·加德纳在《科学美国人》杂志中介绍了这个堆叠，称之为"无限悬空悖论"。

当然，我们要假设砖块不会形变。否则，砖块数量 n 超过一定值后，砖块若被压坏，堆叠就会倒塌。所谓平衡也不见得稳定，一口气就会吹倒堆叠。但这无关紧要，稍微移动每一块砖，我们就可以加固结构，而悬空仅仅损失一个微小的长度，不妨碍达到最终的期望长度。

有人曾认为，最优堆叠问题已被解决，因为基本推理指出，如果每一块砖都平行于地面，相互之间也保持平行，而且每一层只有一块砖，那么 n 块砖的堆叠最多可以得出的悬空长度是 $(1/1 + 1/2 + 1/3 + 1/4 + 1/5 + \cdots + 1/n)/2$。

进一步优化！

近来，几位研究者又提出一个问题：如果在每一层放多块砖会发生什么？他们的研究不仅得出了惊人的答案，还引出了新的问题。

首先，优于对数堆叠的方法确实存在。科芬早在 1923 年就指出这个事实，但似乎被人们遗忘了。3 块砖的例子最为简单。将 3 块砖摆放两层，构成倒三角（参见"最大悬空"图 c），得到的悬空长度为 1，优于 $1/2 + 1/4 + 1/6 = 11/12$。

经过反复摸索，很容易确定 3 块砖的结果无法进一步优化。4 块砖的情况类似，采用三层而非四层堆叠（参见"最大悬空"图 e 和图 d），可以超过对数堆叠的悬空长度 25/24。

2005 年，加州理工学院的约翰·霍尔借助计算机程序确定了由 n 块砖获得的最大悬空长度，n 在 2 到 19 之间变动（参见"最大悬空"图 c，以及图 e 至图 r）。n 超过 19 时，霍尔也提出了自己证实得到的其他最优悬空结构。然而，他在无意中走入错误的假设，导致了错误的结果。我们稍后会详细说明。n 超过 19 后，他的计算结果不再正确，得出的悬空小于实际的可能长度。

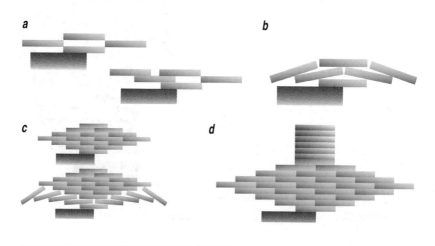

a b

c d

无摩擦平衡

我们先来明确堆叠问题的一些假设和物理细节，之后再去看看霍尔的小错误，以及 2006 年在最优堆叠问题上的惊人发现。

当然，我们首先要假设所有砖块的形状和质量都严格相等，且每一块砖都是均匀的，质量中心（质心）与砖块中心重合。我们只考虑所有砖块平行于地面，且在同一个垂直平面的堆叠情况（这样就转化成二维问题）。堆叠由连续的若干层构成，每层包含一个或多个砖块。

我们还需假设两个叠置的砖块之间没有摩擦力，即堆叠中砖块的所有受力都在垂直方向上（向下或者向上）。这个假设十分重要，一些我们认为不稳定的堆叠，在足够大的摩擦力下还会保持稳定。倒三角就是这种情况，还有下面的极端情况（见第 66 页图 a）。

砖块堆叠的平衡问题需要小心处理，因为只要一块砖受力不平衡（例如架空）或受力使其旋转（力矩不为零，参见"受力的平衡"）都会造成倒塌。

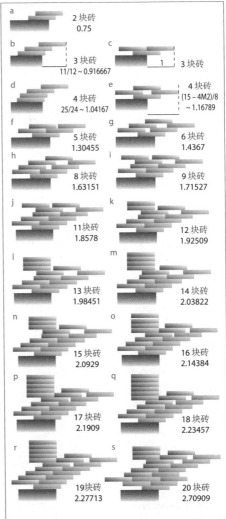

a　2 块砖　0.75

b　3 块砖　11/12 ≈ 0.916667

c　3 块砖　1

d　4 块砖　25/24 ≈ 1.04167

e　4 块砖　(15 − 4M2)/8 ≈ 1.16789

f　5 块砖　1.30455

g　6 块砖　1.4367

h　8 块砖　1.63151

i　9 块砖　1.71527

j　11 块砖　1.8578

k　12 块砖　1.92509

l　13 块砖　1.98451

m　14 块砖　2.03822

n　15 块砖　2.0929

o　16 块砖　2.14384

p　17 块砖　2.1909

q　18 块砖　2.23457

r　19 块砖　2.27713

s　20 块砖　2.70909

3 **最大悬空。**两块、三块……直到二十块砖，图中摆放方式可以给出最大悬空。在每一层摆放若干块砖，可以形成最大悬空。当 n 等于 20 时，堆叠的右侧边缘出现折返。因此，给出最大悬空的堆叠并不总是单调延伸的。

因此，与之前提到的 [1,2] 三角形摆法相反，六块砖按照 [1,2,3] 摆放成倒三角就不稳定（见第 66 页图 b），会倒塌。

来亲手试一试吧！菱形摆法 [1,2,3,2,1] 很稳定，[1,2,3,4,3,2,1] 也一样。相反，菱形 [1,2,3,4,5,4,3,2,1] 则会倒塌（见第 66 页图 c）。

我们依然可以依菱形构建漂亮的悬空：先构成一个菱形 m，即 [1, 2, $\cdots$, $m-1$, m, $m-1$, $\cdots$, 2, 1]，然后在最顶端放置足够多垂直叠置的砖块使整体平衡。平衡菱形 m 所需的砖块数量已计算出来：2^m-m^2-1。因此，我们可以恰好用 2^m-1 块砖堆叠成 $m/2$ 的悬空。用同样数目的砖块按照对数堆叠形成的悬空要更短，为 $1/2(1+1/2+\cdots+1/(2^m-1))$，约等于 $0.3465m$。这种在菱形上垂直堆叠砖块的简单想法，就是（在指定砖块数量时）优于对数堆叠的悬空构造法（见第 66 页图 d）。

一般情况下，判断砖块堆叠是否平衡远非易事（参见"受力的平衡"）。针对既定的构造方式，需要求解存在大量变量的等式与不等式。如果有 n 块砖，可以有多达 $4n$ 个变量和 $6n$ 个等式与不等式。这些方程式的原理源于静力学定律。在求解过程中，必须借助软件工具。要找到 n 块砖的最优堆叠方式，需要系统地尝试大量构造方法。时至今日，我们也只知道 n 最多到 40 的最优堆叠方式。

霍尔的错误源于一个隐含的假设：在最优堆叠中，随着堆叠一层层增高，右侧边缘越来越向前伸出形成悬空（即右侧边缘永远不会出现折返）。直到 19 块砖，这个假设都是成立的，但从 20 块开始就不成立了（参见"最大悬空"图 s）。堆叠的右侧边缘并非单调向外延伸，而在第四层出现折返。这个错误在 2006 年被数学家迈克·帕特森和尤里·兹维克更正了过来。

非单调堆叠

在这种堆叠中，我们将黄色砖块称为支撑块，即从悬空最大处的主块开始，依次包括所有支持主块的砖块。对于单调堆叠（右侧边缘从不折返），每层只有一个支撑块。相反，在非单调堆叠里，同一层可以有若干支撑块（非单调堆叠也存在每一层只有一个支撑块的情况）。对于 20 块砖的最优堆叠，第 2、3 层每层有两个黄色支撑块。对于 30 块砖的最优堆叠，第 2、3、4 层每层有两个支撑块。

帕特森和兹维克的抛物线堆叠并不十分复杂，却实现了与$n^{1/3}$成正比的悬空（n为所用砖块数量），优于经典对数堆叠给出与$\ln(n)$成正比的悬空。抛物线堆叠由一层层交错排列且越来越宽的砖块构成。用n块砖，可以得到（以砖块长度计量）至少为$(3n/16)^{1/3}-1/4$的悬空，即大约$0.57n^{1/3}$。

歪斜堆叠：有人向约翰·康维问起垒砖块问题，他指出，如果用真正的三维砖块（长为1，宽为L，高为h）完成给定的堆叠，总能利用砖块的宽度来略微增加悬空。略微转动每一块砖，可以增加$(1+L^2)^{1/2}-1$的悬空。

能否把砖一块一块堆叠起来，在每放上一块砖时都保证现有构造保持平衡？对于经典的对数堆叠，答案是肯定的，但对帕特森和兹维克提出的抛物线堆叠则不然。不过，抛物线堆叠有一个变体，可以一块一块地堆起来。图中编号表示砖块放置的顺序。这个堆叠方式稍逊色于左图的构造，但也可以给出渐近于$n^{1/3}$的悬空。

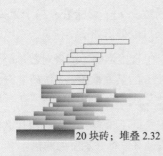

20块砖；堆叠2.32

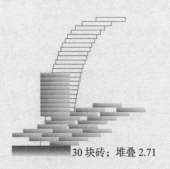

30块砖；堆叠2.71

堆叠的比较：对20块和30块砖，经典对数堆叠与已知最优堆叠一较高下，很显然，新的堆叠方式得出的悬空更大。

当每层只有一个支撑块时，堆叠被称为"脊椎堆叠"。一个无意中形成的假设——最优堆叠都是单调的脊椎堆叠，将霍尔引入了误区，他的结论从 20 块砖开始出现错误。支撑块之外的砖块叫作平衡块。与支撑块不同，最优堆叠中平衡块的摆放位置通常没有严格固定：移动某些平衡块并不会使堆叠倒塌。

此外，我们应当仔细考虑非单调且非脊椎的堆叠情况，这对研究砖块堆叠的渐近趋势至关重要。三项运算结果证明了非脊椎堆叠具有决定性意义。前两个是帕特森和兹维克给出的结论。最后一个是三位数学家尤瓦尔·佩雷斯、米可·特鲁普和彼得·温克勒共同努力的成果。下面就是显示渐近趋势的运算结果，当然，我们假设堆叠都是平衡的。

a. n 块砖的脊椎堆叠永远不可能得到超过 $\ln(n)+1$ 的悬空（公式中 $\ln(n)$ 代表 n 的自然对数，单位为砖块长度）。这大约是对数堆叠结果的两倍。

b. 帕特森和兹维克发现，存在（非单调且非脊椎）抛物线堆叠，其悬空与 $n^{1/3}$ 成正比（约 $0.57n^{1/3}$）。（参见"比对数堆叠更好"。）

c. 当 n 趋于无穷时，可以得到的最大悬空与 $n^{1/3}$ 成正比。用 n 块砖，无法得到超过 $6n^{1/3}$ 的悬空。

鉴于函数 $n^{1/3}$ 的递增无限地快于函数 $\ln(n)$（意味着 n 趋于无穷时，$n^{1/3}/\ln(n)$ 趋于无穷），显然，从上述结果可以得出如下结论。

当 n 趋于无穷时，非脊椎堆叠相对于脊椎堆叠（或者对数堆叠）的悬空长度增量可以要多大有多大：对于 n 的某些取值，n 块砖非脊椎堆叠能够形成的悬空是 n 块砖脊椎堆叠最大悬空的 1000 倍。

脊椎堆叠受到很大限制，比对数堆叠好不了多少：无论用什么样的技巧来放置平衡块，所得悬空也不会超过对数堆叠悬空的两倍。

抛物线堆叠

最新结果 (c) 的证明过程要占十多页纸，它似乎指明，人们已经通过研究抛物线堆叠最终解决了最大悬空问题。的确，我们离真相仅差一个常数：在 n 块砖堆叠的情况下，我们虽然不能得出优于 $6n^{1/3}$ 的悬空，但抛物线堆叠的系数是 0.57，仅为 6 的十分之一，这便留出了很大的改进空间。

通过试验（用计算机而不是砖块！），研究者们认为已经找到形成 $1.02n^{1/3}$ 悬空的堆叠方法（参见"油灯形堆叠"）。顺着一些思路或许可以证实当 n 足够大时，不可能实现 $3n^{1/3}$ 的悬空。细化渐近结果，确定常数 C（介于 0.57 和 6 之间），继而提出悬空为 $Cn^{1/3}$ 的堆叠方法，并证明无法进一步优化。看起来，这是个颇具难度的挑战。

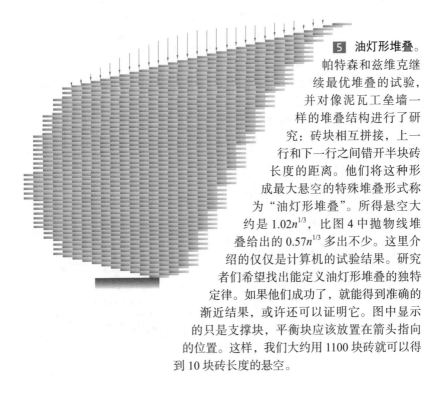

5 **油灯形堆叠**。帕特森和兹维克继续最优堆叠的试验，并对像泥瓦工垒墙一样的堆叠结构进行了研究：砖块相互拼接，上一行和下一行之间错开半块砖长度的距离。他们将这种形成最大悬空的特殊堆叠形式称为"油灯形堆叠"。所得悬空大约是 $1.02n^{1/3}$，比图 4 中抛物线堆叠给出的 $0.57n^{1/3}$ 多出不少。这里介绍的仅仅是计算机的试验结果。研究者们希望找出能定义油灯形堆叠的独特定律。如果他们成功了，就能得到准确的渐近结果，或许还可以证明它。图中显示的只是支撑块，平衡块应该放置在箭头指向的位置。这样，我们大约用 1100 块砖就可以得到 10 块砖长度的悬空。

　　静力学定律是最大悬空堆叠方式的计算基础。我们按部就班地尝试所有合理摆放方式，得出对应一种平衡堆叠且富有意义的悬空，由此找出悬空最大的堆叠方式。

　　为了测试一个给定的堆叠方式，我们假设砖块之间没有摩擦力。于是，砖块的所有受力都在垂直方向上，即向下或者向上。我们所要考虑的力仅剩下每一块砖的重力（施加在每一块砖重心的一个向下的单位受力），以及相互接触的砖块之间的作用力和反作用力。

　　问题回到二维空间，两块砖接触的区域变成一条线段。将砖块的所有受力转化成作用在接触线段端点的受力(A)。在每个端点，上面砖块施加的力向下，并与下面砖块施加的向上的力相等。为保持堆叠的整体平衡，一方面，每一块砖向上和向下的力应相互抵消，另一方面，这些力产生的力矩也应相互抵消(B)。

　　我们来看看，为何[1,2,3]的菱形堆叠方式不稳定(C)。砖块5在N点受到来自砖块3且大小等于1的重力，在力偶的作用下，砖块在L点也受到大小为1的力。这就像以砖块5为横梁形成了一个天平。砖块4也是一样。那么砖块2就在L点受到了向上等于2的力，而在L点向下的力仅仅等于它自身的重力。此时，整体系统是不稳定的，但若在砖块2上再添加一块砖，系统就稳定了。这就是让菱形保持稳定的堆叠办法。

　　将力F_i的坐标记做x_i，这样就可以对每一块砖写出未知数为受力F模量的方程式。从整体考量给定的堆叠方法，若得出的等式和不等式系统存在（至少）一个解，就说明堆叠是平衡的。

　　找到给定砖块数目的最大悬空十分困难。我们要借助计算机求解。对每个n块砖的堆叠，需要确定砖块位置$x_1,\cdots,x_n$，令堆叠保持平衡的同时，确保与之相应的悬空为最大。处理这类问题有一些专门的算法，虽然我们只能以近似的方法计算结果，但可以保证不会错过最优的堆叠方式。

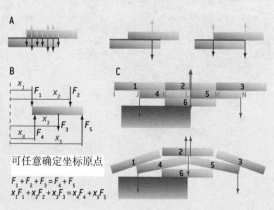

可任意确定坐标原点

$$F_1 + F_2 + F_3 = F_4 + F_5$$
$$x_1F_1 + x_2F_2 + x_3F_3 = x_4F_4 + x_5F_5$$

有趣的是，上述运算结果实现了一个建筑梦想：用 n 块砖建造一座桥，跨越宽度正比于 $n^{1/3}$ 的河流。我们只需将砖块一一摆好，除重力外无需其他黏结力。帕特森甚至还说，无论过桥的动物或车辆有多重，都能找到相应的解决办法。

谁曾想到，垒砖块或者垒糖块会给物理学家和数学家出了这么多难题？这一次，计算机试验法又扮演了不可或缺的角色。

皮亚特·海恩的 27 个小方块

从四岁起，孩子们就可以用这个拼装游戏来锻炼思维的灵活性和想象力，其中蕴藏的复杂谜题引起了数学家们的兴趣。

我们回头来看一个历史悠久的益智游戏——索玛方块（SOMA）。只需将 27 个骰子或者方块粘起来，人人都能很快做出游戏的七块部件，然后，或独自一人，或与好友一起，或借助电脑，探索丹麦人皮亚特·海恩创造的海量几何拼组游戏。1958 年，马丁·加德纳讲述了游戏诞生的来龙去脉，但事实似乎并非那样简单。本章中，我们将从游戏里挖掘出千余种趣题，给计算机编程爱好者出了几道复杂的难题，发起颇具难度的推理挑战，最后，引出一个美丽的折纸游戏。

七块部件和一个立方体

我们试着把最多 4 个方块面对面放在一起，但必须遵守一条规定：不得拼成一个简单的平行六面体，或者说，不能构成一个凸立体图形（在立体图形中，若连接两个点的线段全部包含在该图形内部，则称之为凸立体图形）。很快，我们就会发现不多不少，正好有七种可能的不同造型。

- ❏ 没有任何一个造型仅由两个方块构成，因为 2 个方块面对面相接必然形成一个平行六面体。
- ❏ 只有一个造型由 3 个方块构成：V 形。
- ❏ 另外 6 个造型都由 4 个方块构成。

1 2 3 4 5 6 7
V L T Z A B P

传统上，7 个索玛部件都有编号和一个与之对应的字母。我们也可以给它们涂上不同的颜色，以便在表示拼装方式时帮我们快速辨认。

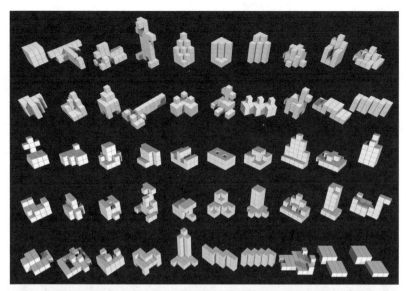

1 50个图形足够让人忙一阵了。游戏旨在用索玛方块的7个部件组成这些图形。我们要认真一点，因为某些图形看起来需要多于27个的方块。这意味着，它们内部包含一个或多个空洞（从外面不可见）。既然要猜出空洞的位置，游戏肯定变得更加困难。在布恩德加特的网站上可以找到其他模型。这些图像是由里尔基础计算机科学实验室的弗朗塞斯科·德柯米特画出的。

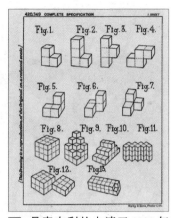

2 丹麦专利的申请于 1933 年提出，并于 1934 年授予丹麦人皮亚特·海恩。下方就是第一个索玛方块游戏的图示，7 个部件拼成一个立方体。

需要注意，块 A 和块 B 对称却不相同。在撰写本章节的时候，一件怪事给我造成不少困扰。我没能及时发现，一种市面上卖的木制索玛游戏存在错误，里面有两个 B 却缺少 A。7 个部件一共包括 27 个小方块。那么问题来了：能不能将它们拼成一个边长是小方块边长三倍的大立方体？答案是肯定的，对包含两个 B 的错误版本也一样。

1958 年 9 月，加德纳在杂志《科学美国人》中介绍了索玛方块，讲述了丹麦作家皮亚特·海恩发明游戏的故事："皮亚特·海恩在一次量子力学大会上获得了设计索玛方块的灵感。在这次大会上，伟大的物理学家维尔纳·海森堡向人们展示了一幅被分割成小立方块的空间图像。"这次会议举办于 1936 年，这也就成了游戏的发明年份。在很长一段时间里，1936 年始终被认为是索玛游戏正式诞生的那一年。1936 年也几乎每次都出现在介绍这款游戏的网站上。我不敢在这本书里写法文版维基百科也犯了同样的错误，万一他们马上跑去修改，等读者验证时，反倒是我说的不对了。

几年以前，一位游戏爱好者保罗·佩德森找到了一套古老的索玛方块，包装盒上印有一个英国专利编号。经过查询，他证实这个专利的日期是 1934 年 11 月 29 日。人们还发现，这个专利源自皮亚特·海恩于 1933 年 12 月 2 日在丹麦申请的专利。于是，将索玛方块的发明锁定在海森堡大会上，这个故事的准确性就没那么可靠了。皮亚特·海恩认为自己的发明是一次惊人的偶然，并说：

"小方块的 7 个最简单的不规则组合能够重新拼成一个立方体，这是展现大自然幽默感的最好例证。多个单元能够产生一个新的单元！这可能是最小的哲学载体，十分引人注目。"

加德纳在其文章中指出，将 7 个部件拼成立方体存在超过 230 种不同摆法，而且解法的确切数目尚不知晓。今天，这个问题出现两种解法。约翰·康维和理查德·盖伊提出了一个巧妙而细致的几何推理，得出解法的数目正好是 240 个。一张叫作 SOMAP 的示意图，需要两大张纸才能画得完。该图显示，可以通过交换两个或三个部件将 239 种解法联系起来。第 240 种解法是单独且孤立的。如今，除了费心又费力的"手动"计数方法，采用计算机程序也能证实总共存在 240 种解法。

240 种解法的确各不相同。经常有编程者因忽略了 7 个部件单独或整体都可能具有旋转性及对称性，因而声称得到远超过 240 个的计数结果，甚至一直算到了 1 105 920 个。这一结果还常出现在索玛方块的说明书或者介绍游戏的文章中。

从 240 到 1 105 920

我们来详细看看如何从 240 种解法一跃成为 1 105 920 种。通过旋转，每一种解法可衍生出 24 种解法：大立方体的每一面都可以朝地面摆放，放在地面上之后，整体转动又有四种状态。这个数字还要翻倍，因为每种解法都对应着另一个镜像反射的解法。某些部件对称不变（1、3、4）或者旋转 180 度不变（5 和 6），还有一个部件甚至旋转

number of combinations

The seven SOMA pieces can be mad into the cube in exactly **1,105,920** different ways counting as different all solutions which are reflection of each other or that can arise from each other by rotations of the whole cube or of single pieces.
This figure is based on the result of an analysis by Dr. John Conway and Dr. M. J. Guy, both of Caius College, Cambridge, England, carried out by means of an electronic computer.

120 度和 240 度不变（7）。粗心大意的编程员不是把每种解法仅算一次，甚至不是 48 次，而是 4608 次（$4608 = 24 \times 2 \times 2^5 \times 3$），于是就有了 $240 \times 4608 = 1\ 105\ 920$ 种解法。

游戏的乐趣不再仅限于将游戏拼回到盒子里！索玛方块的 7 个部件构成了一种三维七巧板，可以拼出小小的雕塑。观察者通过想象能认出飞机、人物、墓碑、浴缸等等。

丹麦专利中提到了 7 个雕塑。佩德森找到的最早出售的游戏给出了 8 个雕塑。加德纳的文章中给出了 26 种造型，其中两个还行不通。海恩编写的游戏说明书给出了 36 种之多，成为了"经典大作"。然而，组合变化的数目远远大于这些数字。今天，托莱夫·布恩德加特就收集了 6400 种，我们可以在他壮观的索玛方块网站上看到：www.fam-bundgaard.dk/SOMA/SOMA.HTM。

"50 个图形"中的各种造形，你不妨亲手试试。摆弄这些方块很有意思，玩起来就放不下。一个解法只要确实存在，通常用不了十分钟就能把它找出来。熟能生巧，玩家渐渐能在一开始就发现某些构造方法根本无法完成，同时，自己琢磨出愈发巧妙的几何推理，更快地找到解法，如同玩数独游戏一般。

这一风靡当今世界的游戏也曾在很多教学和科研领域大显身手。最近，威斯康星大学的约翰马歇尔·利夫和罗彻斯特大学的格兰·尼克斯研究了人们在解决索玛方块问题时的面部表情，评测受测者对游戏所表现出的兴趣，并在他们不知情的情况下，观察其独自面对游戏时的表现，以衡量他们的真实感受。

伊格尔·维尔纳则利用机器人操纵索玛方块进行试验，由学生们向机器人下达控制指令。受测者们被要求控制机器人的机械手臂来解决索玛方块问题，借此提高他们的空间感知能力。该试验于 2004 年在位于以色列海法的以色列理工学院展开。

索玛方块的7个部件可以拼出很多图形，但也不是万能的。比如，由于块5、6、7不是平的，由27个方块组成的所有雕塑中，绝不可能存在27、26或25个方块在同一平面的情况。

以下四个不可能雕塑，不那么容易想得到。对前两种摆放方法，我们会给出一个简单的推理。后两种摆法尚没有已知的简单方法证明其不可能性。如果你知道，请告诉我。

(a) W形状的墙

我们想用索玛方块的7个部件摆出W形状的墙。而事实上，这是不可能的。美国科罗拉多州丹佛的理查德·内勒给出了最简单的证明。

W形墙共有10个角（图中绿色部分）。部件2和3各自最多摆出2个角，而其余部件各自最多摆出一个角（仔细观察几秒钟就能看明白）。且不考虑所有部件摆成墙形时相互之间的制约关系，我们很容易看出，所有部件最多只能形成10个角中的9个。因此，该图形不可能实现。

(b) 桥

理查德·萨利文详细地证明了桥形的不可能性。

将左右两个3×4个方块拼成的长方形称为桥的侧面（绿色），将上方中间3个方块称作顶（黄色）。3个非平面部件5、6、7无法完全包含在桥的一个侧面里。于是，3个部件中至少各自有一个方块必须占据顶部的一个位置。非平面部件恰好是3个，所以，各自必定有一个方块占据一个顶部位置。又因为部件5、6、7的最大长度是2，故各自只能与一个侧面相连。结果，两个部件都有一个方块占据一个顶部位置，其余3个方块位于同一侧面。最终，这一侧面只剩下6个空缺位置（12减6等于6），无法容下其余的平面部件，因为其余平面部件的大小分别是3、4、4（单独一个部件无法填满6个空缺，而两个部件则需要至少7个空缺）。

(c) 摩天大楼

摩天大楼图形是马丁·加德纳在文章中布下的陷阱。罗伯特·施塔茨给出了不可能性证明，却没有前两个证明简单明了。请参见http://www.fam-bundgaard.dk/SOMA/NEWS/N990128.HTM。有没有读者能找到简单的证明？

(d) 方形花朵

这也是一个不可能雕塑，似乎无法用简单的推理证明。我们再一次把悬念留给读者！如果你也束手无策，这里有一个很长的解法：http://www.fam-bundgaard.dk/SOMA/NEWS/N001127.HTM。

徒手一搏还是借助程序？

自其诞生以来，计算机科学经历了前所未见的发展。据估计，其计算速度和存储容量提高了逾百万倍。加德纳于 1958 年发表那篇关于索玛方块的文章后的几十年中，计算机科学的发展速度尤为惊人。之前计算机很难解决的组合问题，如今都变得十分简单。例如，所有能想得到的索玛方块图形都能被普通程序瞬间解决。当双重索玛、三重索玛等众多索玛方块游戏混合在一起时，我们就要面对多重游戏的构造谜题，组合数量也变得十分庞大。不过，对一个性能优良的程序来说，破解三种索玛游戏混合的构造谜题，仍然不在话下。你可以自己设计程序，或使用网络上的现有程序（比如，从布恩德加特的网站开始）。

如今，索玛方块不依赖电脑也能让人们体会游戏中的几何乐趣、解谜乐趣，以及人与人之间的竞技乐趣。但是，我们仍需编写计算机程序才能解决索玛游戏蕴含的复杂难题（计数、某些雕塑的不可能性等等）。我在这里介绍几个谜题，其中一些至今悬而未决。

倾斜索玛方块

索玛方块有一个基础变体，叫作 Rhoma。其制造商（如今已经消失）仅将其中的方块换成了不含直角的平行六面体，换句话说，就是变成了倾斜的方块。制造商从 240 种摆法中选出一种，将 7 个部件在各自位置上逐一进行了形变。

借此，制造商为自己的益智游戏设计出独有的部件。7 个新部件基于一种拼法而生，结果，也只能按照一种方法拼起来（即进行形变时的拼法），另外 239 种摆法都失效了。每一个小方块都出现了斜角，形变产生了额外的约束。无论从 240 种解法中选取哪一种，从立方体形变到平行六面体后得出的新益智游戏是否只存在一种解法？或者，某些解法能否并存？一个性能优良的程序花费几秒钟就能处理这个问题。要知道，根据某一个解法在形变前的不同初始位置，我们最终得到的斜角方块也不尽相同。因此，需要研究的情况不止 240 种。

与其将摆好的方块逐一变形，不如给它们涂上颜色。最简单的方法是像棋盘那样涂色：立方体 8 个顶点方块和六个面的中心方块图成黑色，其余 13 个方块涂成白色。涂色又引发一个问题：每一种解法都产生一种涂色方法，于是，240 种解法就对应 240 种索玛方块 7 个部件的涂色方法。那么，这些涂色方法中有几种确实各不相同？每种涂法又各出现几次？对每一种可能的雕塑，也存在相同的问题。布恩德加特的网站上给出了部分解法。

　　另外，尼克·迪金斯也提出一个挑战。给立方体外表面涂色（比如涂黑），再拆开立方体。可否重新拼成立方体，使所有涂黑面都藏在内部，看不到任何黑色？如果仅涂黑两个相对面之外的四个面，或者仅涂黑两个相对面，也会出现相同问题。我们已知完全涂黑的解法，却没有部分涂色的解法。

推理与折纸

　　1958 年，加德纳在文章中指出，一些由 27 个方块组成的雕塑无法用索玛方块的 7 个部件来实现。他给出了例子，并证明了其不可能性。另外，在向读者提供的 25 个模型中，他还故意藏了一个不可能图形。

　　面对不可能图形，性能优越的程序能立刻得出"不可能"的判断。然而，计算机的蛮力并非不可替代，甚至从来都不是。大脑推理能带来更大的满足感。这些证明题对学生们来讲是很好的练习，能让他们体会到，不停寻找根本不存在的答案或许令人气馁，但完美的逻辑论证却总能振奋人心。

　　对"不可能性"的推理还能帮助人们形象地理解"否定结论"的含义。在数学世界里，例子数不胜数：2 的平方根是无理数；用方根表达式无法求解所有五次多项式方程；无法证明关于平行线的"欧几里得第五公设"；无法找到能决定所有计算机程序是否终止的算法；哥德尔定理，等等。

如果你已经对索玛方块失去兴趣，可以看看下面这个折纸问题。单位宽度的纸条至少要有多长才可以折成索玛方块中一个部件的样子？纸条可以塞进折叠开始处的缝隙里，但是折成部件的任何一条棱都不能松开（保证良好的牢固性）。

 **4** 这组沙发就是七块索玛部件的完美组合。

塞巴斯蒂安·莫里斯·基尔什用一条长度为42的带子折成了部件1，用55长的带子折成了部件2，部件3用了58，部件4用了53，部件5用了54，部件6用了54，部件7用了60。上述长度都没有被证实是最短长度，其实，最短长度尚不知晓。显然，这又是一个棘手的谜题，而且很难通过推理破解，如果想编写一个程序来解决，无疑难上加难！

在互联网上，众多行家里手用精彩影片再现了基尔什的解法。

当然，自加德纳撰写文章以来，擅长探索复杂性的专家们不懈努力，研究如何通过拼接小方块来构造形状的问题，索玛方块就是此类问题的基本范例。经过论证，这是一个 NP 完全问题[1]：随着问题中小方块数目 N 的不断增加，已知的一般性算法——大概也是仅有的可能算法——需要（相对于 N 的增加）以指数形式快速增长的计算时间。这意味着，即便使用现有功能最强大的计算机，运算也会很快遇到无法处理的瓶颈。

出色的益智游戏永远不会消亡，索玛方块也将不朽。

注1　NP 问题（Non-Deterministic Polynomial），即非确定性多项式时间问题，NP 完全问题是其中最难的问题。有兴趣的读者可以阅读人民邮电出版社出版的《可能与不可能的边界：P/NP 问题趣史》。——译者注

挂画问题

用 n 颗钉子和一根绳子将一幅画挂在墙上，怎样挂才能在拔掉任何一颗钉子时，都会让画掉下来？

在墙上钉两颗钉子，用最简单、自然的方法将一幅画挂在这两颗钉子上。如果一颗钉子掉了，绳子和画依然挂在另一颗钉子上（见下方上图）。数学家不禁要问：有没有办法将绳子挂在这两颗钉子上，使得一旦拔掉其中任意一颗，画就会掉下来？我们把这种方法称为"波杰挂法"，以纪念杰罗姆·K.杰罗姆笔下的著名人物——总也挂不上画的波杰叔叔（参见"波杰叔叔挂画"）。这个问题和工业上的故障自动保险系统类似，即一旦某个部分出现故障，整个机器会随之停下。

美国的一个团队结合了趣味数学、代数拓扑和算法学来研究挂画问题。其成员包括麻省理工学院的埃里克·德曼因、马丁·德曼因、罗纳德·里维斯特（Ronald Rivest，RSA 加密算法中字母 R 的来由），耶鲁大学的雅伊尔·明斯基，纽约州立大学石溪分校的约瑟夫·米切尔和弗拉罕公园 ATT 实验室的米哈伊·帕特拉什库。

挂画谜题首次被提出要追溯到 1997 年，斯皮瓦克将这一难题登载在数学趣味杂志《量子》（Quantum）上。从此，这个小问题演绎出众多变化，促使人们不断摸索数学中的通用方法，并由此推导出一些美妙却不尽简单的定理。

为了说明如何仅拔掉两颗钉子中的一颗便可使画掉下，请观察旁边的下图，或拿根绳子来试一试。我们可以慢慢尝试找出答案。然而，

有一种方法能一下子就得出答案，甚至归纳出通用解法，我们将其命名为"n 颗钉子问题"，即将挂着画的绳子缠绕在 n 颗钉子上，使得拔掉 n 颗钉子中的任意一颗，画框都会在重力的作用下摔落在地。

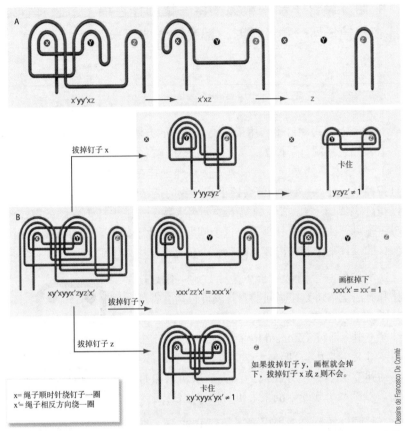

1 **化简绳子的缠绕方式**绳子缠绕方式 x'yy'xz (A) 可以化简成 x'xz，进而化简成 z。这意味着，拉动依 x'yy'xz 缠绕的绳子，我们得到的结果其实就是缠绕方式 z。当一种缠绕方式所对应的表达式可以完全化简时（结果为 1），只要一拉绳子画就会掉下来。我们来看看对绳子缠绕方式 xy'xyyx'zyz'x' (B)，拔掉一颗钉子会有什么影响。为了判断拔掉钉子 y 的结果，我们将所有 y 和 y' 从该表达式中去掉，然后再化简，即 xy'xyyx'zyz'x' = xxx'zz'x' = xxx'x' = xx' = 1。如果拔掉钉子 y，画就会掉下来。但是，如果拔掉钉子 x，画会依然挂在墙上，因为去掉 x 和 x' 之后的表达式变为 y'yyzyz'，最终只能化简为 yzyz'。如果拔掉钉子 z，表达式也只能化简为 xy'xyyx'yx'，画也会依然挂在墙上。

在阅读下面的章节以前，读者可以先从三颗钉子入手，然后是四颗……并设想 n 颗钉子时的解法。

绳子缠绕打结时存在不确定性，手工解答这个问题会困难重重。通过摸索绳子的路径来寻找答案，则需要一根很长的绳子和足够的耐心。一旦超过四颗钉子，研究就会泡汤。

幸好，代数能帮我们。尼尔·菲茨杰拉德想到将 n 颗钉子问题和"自由群"（我们稍后讲解）元素表达式计算联系起来，使我们能够提出并解答更多问题（参见"十个问题"）。

2. 三颗钉子问题的求解

问题旨在找出绳子的波杰绕法，使得拔掉一颗钉子时绳子松开，画框掉下。一旦回到代数问题，我们通过尝试很快就能找到三颗钉子问题的解法。例如 x'y'zyxy'x'z'xy，还有别的解法。

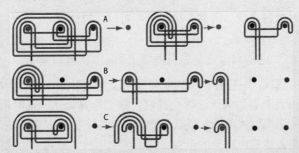

(A) 拔掉钉子x：

y'zyy'z'y → y'zz'y → y'y → 1。

(B) 拔掉钉子y：

x'zxx'z'x → x'zz'x → x'x → 1。

(C) 拔掉钉子z：

x'y'yxy'x'xy → x'xy'x'xy →

x'xy'y → x'x → 1。

求助于自由群

以集合 G 为生成集的自由群，是一种在众多数学领域中广泛应用的运算系统，尤其是代数拓扑学——这门学科用代数方法研究如何对节点和面进行分类。举个例子，生成集 G 由三个元素（生成元）x、y 和 z 构成。我们为每一个生成元找到一个对应元素作为其倒数，分别记作 x'、y'、z'，它们构成的集合记作 G'。那么，任意从 G 或者 G' 中选取有限序列，其构成的表达式代表该自由群中的一个元素。不含任何元素的空序列记作 1。很显然，对自由群的任一元素 s 都有 1s = s1 = s。

例如，以 x、y、z 为生成元的自由群中包含有 s = xyxx'y'z'z 和 r = zzzzyx'xy'z' 两个元素。这样构成的表达式有时可以化简。唯一的化简方法就是依据自由群的定义，找到一个元素与其倒数紧挨在一起的组合，并将它们删除：xx' = x'x = 1。

删除一对符号后，可能会出现另一对可化简的符号，我们就继续化简。例如，xy'xx'yz'z = xy'yz'z = xz'z = x。我们先删除 xx'，再删除 y'y，最后删除 z'z。起初看似复杂的自由群元素，其实就只是 x。

所有 G 和 G' 中符号构成的序列都代表生成集为 G 的自由群中的一个元素。当元素表达式无法再化简时，我们称其处于"标准形式"。若两个元素的标准形式不同，就认为它们是两个不同的元素。请注意，我们不能交换表达式中符号的位置：在由两个生成元 x 和 y 构成的自由群中，元素 xy 和 yx 不相等。

将绳子在钉子上的缠绕方式和自由群元素联系起来，就有了解答挂画问题的理想工具。为此，我们将墙上的每一颗钉子视作一个生成元。如果有三颗钉子，就将它们记作 x、y 和 z。

每一种绳子缠绕钉子的方式都对应自由群中的一个元素，即符号 x、y、z 和 x'、y'、z' 构成的一个序列。我们沿着绳子的缠绕轨迹，从一端到另一端，每当它在钉子 x 上顺时针绕一圈就记下 x，逆时针绕一圈就记下 x'，对钉子 y 和 z 也一样。

我的叔叔举起画，一个没拿稳，画框"哐"地一声掉在了地上，画摔出了框。他想要抓住玻璃，却把它打碎了，还划伤了自己。他跳着脚满房间到处找自己的手帕，却找不到。手帕明明放在他刚才脱下的外套口袋里，可是外套又放在哪儿了呢？

他完全想不起来。全家人到处帮他找工具，现在却要停下来找外套了。他发疯般窜来窜去，每每挡住帮忙人的道路。

"就没人知道我把外套放在哪儿了吗？"他喊道，"我就从来没见过这么多蠢人！……"他气愤地站起，大家才发现原来他就坐在要找的外套上。

"噢！你们别再找了！"他说，"我找到了。你们都帮不上忙！我只能靠自己！……"大家花了半小时给他包扎，又再给他买了一块玻璃，所有的工具、梯子、椅子、蜡烛都拿到跟前，叔叔要再试一次。全家人，包括保姆和女佣，在他周围围了一圈准备协助。两个人负责扶稳椅子，第三个人扶他爬上去站稳，第四个人给他递钉子。结果，钉子掉了。

"看！"他生气地说，"钉子掉了吧！……"

钉子被找了回来，可是就这功夫，锤子又不见了。

"锤子哪儿去了？我把锤子放哪儿了？"他喊道。

我们找回了锤子，可这下叔叔又找不到他在墙上做的标记了，钉子一定要钉在那个位置的啊。我们轮流被请上椅子，站在他旁边，看看是不是可以找到原来的标记。然而，大家指的地方各不相同。叔叔觉得我们都是笨蛋，把我们一个一个赶下椅子。他拿起尺子，重新量一遍，得出应该从房间墙角起留出三十一又八分之三英寸的一半。他心算得不出结果，就彻底发怒了。

大家都试着在心里算，算出的结果完全不一样，我们便开始相互取笑。在一片混乱中，叔叔发觉自己已经不记得刚才量的尺寸是多少了。没人知道要算出什么数的一半，只好重来。叔叔这次拿一根绳子，将身子弯成与垂直方向成四十五度角，同时，又想要够着墙上一个至少超出臂长三拃远的地方。绳子脱手，脚下一滑，叔叔失去平衡，栽在了钢琴上。他头和身子重重砸到二十多个琴键，钢琴奏出的和弦甚是诡异……

终于，波杰叔叔又标记好了合适的位置，左手放钉子上去，右手举起锤子。然后，他第一下就砸了大拇指，大叫一声，将锤子掉在了别人的脚趾上……

好，再来试一次。第二下，钉子穿过了石膏墙壁，锤子也砸进去一半。波杰叔叔随着锤子猛冲的力道，一下撞在墙上，差点儿把鼻子撞扁。

我们得找回尺子和绳子，重新打眼，好不容易快到半夜才把画挂上。

确实挂得有点儿歪，可能也不太牢固。不过，周围几米的墙看起来好像被耙子刮过一遍。除了波杰叔叔，大家都筋疲力尽，累得要命。

"完工！"他重重地跳下来，踩到了女佣脚上，然后十分得意地看着他一手造成的混乱，"有人连这点小事也不会自己做，还要麻烦请工人！"

杰罗姆·K. 杰罗姆，《三人同舟》，1889

4. 十个问题（见图）

问题一（三颗中的一颗）：拔掉三颗钉子x_1、x_2或x_3中的一颗时，画掉下。

问题二（三颗中的两颗）：拔掉三颗钉子x_1、x_2或x_3中的一颗时，画不掉。拔掉任意两颗，画掉下。

问题三（1+2）：拔掉钉子x_1时，画掉下。拔掉x_2或x_3时，画不掉。同时拔掉x_2和x_3，画掉下。

问题四（四颗中的一颗）：拔掉四颗钉子x_1、x_2、x_3或x_4中的一颗时，画掉下。

问题五（四颗中的两颗）：拔掉四颗钉子x、y、z或t中的一颗时，画不掉。拔掉任意两颗，画掉下。

问题六（四颗中的三颗）：拔掉四颗钉子x_1、x_2、x_3或x_4中的一颗或两颗时，画不掉。拔掉任意三颗，画掉下。

问题七（2+2中的2+2）：画被两颗蓝色钉子和两颗红色钉子挂着。拔掉两颗蓝色钉子或两颗红色钉子时，画掉下。拔掉一颗蓝色钉子和一颗红色钉子，画不掉。

问题八（2+2中的1+2）：画被两颗蓝色钉子和两颗红色钉子挂着。拔掉一颗蓝色钉子时，画掉下。拔掉两颗红色钉子时，画掉下。只拔掉一颗红色钉子（不拔蓝色）时，画不掉。

问题九（3+3中的1+3）：画被三颗蓝色钉子和三颗红色钉子挂着。拔掉一颗蓝色钉子时，画掉下。拔掉三颗红色钉子时，画掉下。只拔掉一颗或两颗红色钉子（不拔蓝色）时，画不掉。

问题十（3+3中的1+2）：画被三颗蓝色钉子和三颗红色钉子挂着。拔掉一颗蓝色钉子时，画掉下。拔掉两颗红色钉子时，画掉下。只拔掉一颗红色钉子（不拔蓝色）时，画不掉。

在答案中，记号[A, B]代表表达式ABA'B'。

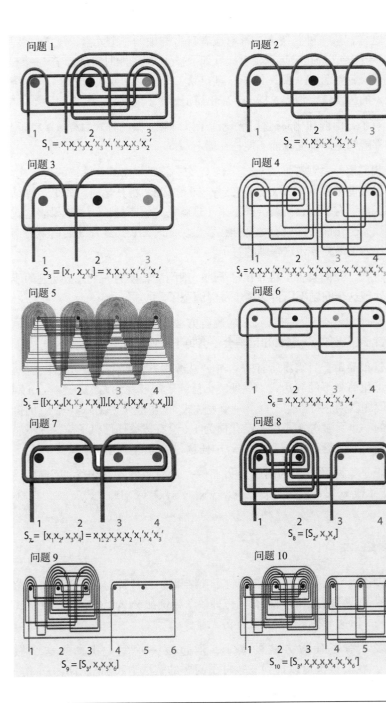

问题 1

$S_1 = x_1 x_2 x_3 x_2' x_3' x_1' x_3' x_2 x_3' x_2'$

问题 2

$S_2 = x_1 x_2 x_3 x_1' x_2' x_3'$

问题 3

$S_3 = [x_1, x_2 x_3] = x_1 x_2 x_3 x_1' x_3' x_2'$

问题 4

$S_4 = x_1 x_2 x_1' x_2' x_3 x_4 x_3' x_4' x_2 x_1 x_1' x_4 x_3' x_4' x_3'$

问题 5

$S_5 = [[x_1 x_2, [x_1 x_3, x_1 x_4]], [x_2 x_3, [x_2 x_4, x_3 x_4]]]$

问题 6

$S_6 = x_1 x_2 x_3 x_4 x_1' x_2' x_3' x_4'$

问题 7

$S_7 = [x_1 x_2, x_3 x_4] = x_1 x_2 x_3 x_4 x_2' x_1' x_4' x_3'$

问题 8

$S_8 = [S_2, x_3 x_4]$

问题 9

$S_9 = [S_3, x_4 x_5 x_6]$

问题 10

$S_{10} = [S_3, x_4 x_5 x_6 x_4' x_5' x_6']$

这样，每一种缠绕方法都对应着自由群中的一个元素，反之亦然。对 xx' = x'x = 1 的化简运算则对应着如下操作:绳子顺时针绕钉子 x 一圈，紧接着又逆时针绕一圈，绳子一旦拉紧（无需移动或拔掉钉子），围绕钉子 x 的缠绕就会消失，即 xx' 被化简了。

有了自由群和化简运算，无论绳子以何等复杂的方式缠绕数颗钉子，我们都能知道画框究竟能不能挂在墙上。

我们用一系列符号 x, y, z, …x', y', z'…记下绳子缠绕轨迹的表达式，然后尽可能地删除 xx'、x'x、yy'、y'y、zz' 和 z'z，将其化简。如果运算结果什么都没有剩下，画就会掉下来（这就是"波杰挂法"）；如果表达式不能被完全化简，画就会稳稳挂在墙上。此时，表达式化简后留下的字母就代表了最终挂住这幅画的钉子。

现在，我们具备了将 n 颗钉子的一般问题转换为一个代数问题的能力。处理这个问题不用再纠结于乱绳缠绕了。

假设我们有一种三颗钉子的缠绕方法，例如 xy'xyyx'zyz'x'，拔掉一颗钉子，比如 y，怎么知道画会不会掉下来呢？

这很简单:只需将所有的 y 和 y' 从缠绕方式的代数表达式中去掉，再尽量化简剩下的表达式（参见"化简绳子的缠绕方式"）。这样，n 颗钉子问题就彻底符号化了:求一个表达式 s（生成元为 x_1, x_2, …, x_n 的自由群的一个元素），s 不能自动化简为 1（没有拔掉任何钉子前，画不能掉下来），且仅当去掉 x_1,x_2, …, x_n 中任意一个时能够化简为 1。

于是，两颗钉子的问题迎刃而解，最简短的答案包含四个符号:xyx'y'（或 xy'x'y, x'yxy', x'y'xy, yxy'x', y'xyx', yx'y'x, y'x'yx）。

波杰挂法

表达式不能再化简，且拔掉钉子 x 结果为 1，拔掉钉子 y 也一样（参见下图）。两颗钉子的问题有无穷种解法，例如 xxyyx'yx'y'y'y' 就是其中之一，但这个答案既复杂又徒劳无益。

多亏有了代数方法的表示，通过逐一摸索（我真的这么做了!），我们很快可以找到三颗钉子问题的解法。我随机写出一个解:

x'y'zyxy'x'z'xy。让我们来一起验证它。

拔掉钉子 x：y'zyy'z'y = y'zz'y = y'y =1。

拔掉钉子 y：x'zxx'z'x = x'zz'x = x'x =1。

拔掉钉子 z：x'y'yxy'x'xy = x'xy'x'xy = x'xy'y = x'x = 1。

现在来看看 n 颗钉子的问题。在这里，我们用归纳法一步一步解答。假设已有 n 颗钉子问题的一个解，接下来要推导 $n+1$ 颗钉子问题的解。就像已知两颗钉子问题的一个解法，我们可以逐步推算三颗、四颗……直至 n 颗钉子问题的解法。

设 s 是 n 颗钉子问题的一个解。我们用 s' 来表示将 s 完全抵消的序列，即 ss' = 1（s' 为 s 的倒数）。将 s 表达式中的元素顺序颠倒，即在原本没有""符号的字母上加上""符号，将原本带有""符号的字母上的""符号去掉，便得到 s'，例如：(xyz'x'y)' = y'xzy'x'。若 z 代表第 $n+1$ 颗钉子，表达式 szs'z' 将是 $n+1$ 颗钉子问题的一个解。借助这个式子可以从 n 颗钉子问题的一个解得到 $n+1$ 颗钉子问题的一个解。

事实上，如果去掉前 n 个字母中的一个，s 将变成 1（因为 s 是 n 颗钉子问题的解）。s' 亦然，表达式将仅剩 zz' 并简化为 1。如果我们去掉字母 z，szs'z' 变成 ss'，也简化为 1。所以，拔掉任意一颗钉子，画就会掉下来。这就是我们想要的"波杰挂法"。

我们用这个方法由两颗钉子问题的解 S_2 = xyx'y' 来求解三颗钉子问题。如果 S_2' = yxy'x'，那么 S_3 = $S_2 z S_2' z'$ = xyx'y'zyxy'x'z'。这不是我们之前通过摸索找到的答案，不过长度相同。这里描述的方法给出了三颗钉子问题的一个解，而且能一般化地归纳解决 n 颗钉子问题。当然，不排除有别的解法存在。

同样，我们由三颗钉子问题的解推出四颗钉子问题的解：$S_4 = S_3 t S_3' t' = xyx'y'zyxy'x'z'tzxyx'y'z'yxy'x't'$。更多其他挂画问题因此得以解答（参见"十个问题"）。最终，美国研究团队成功证明，对于用一根绳子挂画的问题，所有能预想到的做法都可以实现。让我们来看看这意味着什么。

一根无所不能的绳子

假如我们想要用五颗钉子 x、y、z、t、u 来挂画，并要求当同时拔掉钉子 x 和 y，或者同时拔掉 x、z、t，或者同时拔掉 y、t、u 的时候画会掉下来，其他任何情况（即 x 或 y 还在，x 或 z 或 t 还在，y 或 t 或 u 还在）画都不会掉下来。

这可能吗？可能。六位研究者已经找到求解方法。并且，他们的结论对所有相同类型的问题都成立，即所有"逻辑与"的"逻辑或"问题（不含逻辑非）：$(x_1$ 与 $\cdots$ 与 $x_i)$ 或 $(y_1$ 与 $\cdots$ 与 $y_j)$ 或 $\cdots$ 或 $(z_1$ 与 $\cdots$ 与 $z_k)$。

然而，我们显然不能胡乱提问。例如，要求拔掉钉子 x 画掉下，而同时拔掉钉子 x 和钉子 y 画不掉下，这分明是不可能的。其实，这种"单调性"恰恰就是保证问题有解的条件。当问题陈述是单调的（换句话说，不会有悖逻辑），问题便能以"逻辑与"的"逻辑或"形式重新描述，继而有解。更清楚地讲，所有能合理地认定可以求解的情况，应当确实是有解的，并且我们知道如何求解。

我们尚未涉及所有挂画谜题，人们正在研究与之求解相关的复杂算法。有的问题已找到答案，有的依然悬而未决。数学往往包含着无穷无尽的问题，它们向众人敞开大门，等待着各自的征服者。这里就有两个有待解决的问题：

- ❑ n 颗钉子问题（拔掉一颗钉子画就会掉下）的最简短答案（符号数量最少）是否包含小于 n^2 个符号？
- ❑ 已知绳子的挂画方法（缠绕轨迹或表达式），是否存在复杂多项式算法能够得出使画掉下所需拔掉的钉子的最小集合？

当你下次再参观只有一种颜色的当代绘画展览（别不信，的确有这种单色画展览！）并感到无聊的时候，可以想想这些挂画问题，想想研究这些问题的数学家们多么富有才情，你就会觉得画的背面其实比正面更加有趣。

魔方：不超过 20 步!

在所有益智游戏中，魔方是当之无愧的王者。魔方从发明至今已风魔全球三十多年，人们却一直乐此不疲，不断探索魔方提出的问题。

魔方是人类发明的所有益智游戏中的佼佼者。首先，其他任何游戏都没能吸引如此多的关注，引来众人发表诸多相关文章和书籍，讨论其中奥妙。其次，魔方颇具难度，数百万人开展各种竞赛，屡创壮举……这些成就愈显奇特，甚至接近疯狂。同时，魔方启发了数百种机械益智游戏，衍生游戏往往和魔方一样惊人。现在，我们也可以在电脑上进行模拟操作。最后，三十年来，最复杂形态的问题一直无解，唯有强大的计算机网络或许才能最终将之破解。

我们还会细谈这四个话题，尤其要讲讲已经证实的结论：在任何情况下，20 步足以将魔方不同颜色的 6 个面还原。

巧妙的机械结构

在 1980 年 8 月出版的法国《为了科学》（*Pour la Science*）杂志第 34 期里，埃马努埃尔·哈伯斯塔特发表了题为"匈牙利方块及群理论"（Le cube hongrois et la théorie des groups）的文章，在其中描述了魔方，并基于魔方数学结构分析提出一种还原魔方的实用方法。

这篇文章让魔方在法国风靡一时，而人们对魔方的痴迷早已快速席卷世界各地。

回溯到此前六年，雕塑家及建筑学教授埃尔诺·鲁比克发明了由 26 个通过巧妙机械结构相连的小方块组成的魔方。魔方各面由 9 个方块（3×3）构成，每面均可绕着平行于棱且经过面中点的轴旋转。这本该是一个完整的 3×3×3 立方体，但中心位置的方块却替换为转轴系统，使整体既相互连接，又能转动。魔方处在初始形态时，各面都仅有一种颜色，总共是蓝、红、橙、绿、黄、白六种。把魔方各面拧几下，不同颜色的方块被打乱，问题就是怎样将魔方还原到初始形态。

试着摆弄几下，我们就能理解这个益智游戏结构的一些基本要素。

❏ 每个面的中心块绕着自身旋转，位置不变。它们决定着每个面的颜色，可以准确地表示立方体的方向。

❏ 角块一共有 8 个，一直在顶点位置。每个角块有 3 个颜色不同的可见面，考虑魔方每个面中心块的颜色，可以准确判定一个角块在魔方还原后所处的位置。

❏ 剩下 12 个就是棱中间的棱块。每个棱块有两种不同颜色的可见面，和角块一样，可以准确判定棱块在最终形态中所处的位置。

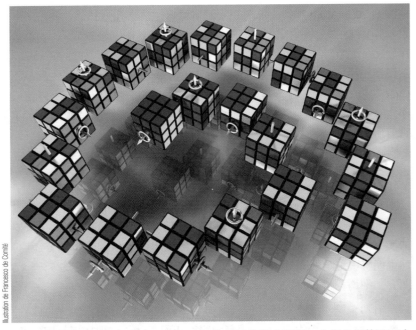

Illustration de Francesco de Comité

1 **魔方的最难形态**，为了证明 20 步总能足以将魔方还原，人们在运算过程中得出这种极致形态。图中将 20 个还原步骤一一画出。你可以照着图反向操作，给自称魔方高手的亲朋好友出个难题。

还原魔方看起来简单，实际却是块难啃的骨头。魔方一旦被打乱，在没有任何帮助或从未对魔方背后的数学问题进行过深入研究的情况下，任凭怎么努力也不可能将它还原。这个游戏实在太难了，它能大受欢迎也耐人寻味。

自 1977 年第一批魔方在匈牙利上市以来，大约有 3 亿 5 千万个魔方被生产和销售。魔方打败各类益智游戏，成为各历史阶段的销量冠军——唯一的例外也许是 Taquin（也叫作"15 块拼图"）。自 1879 年问世以来，Taquin 游戏衍生出数千种不同版本，我们无法统计到底一共制造、销售了多少。尽管魔方被造假者无耻地剽窃、复制，魔方还是为其发明者埃尔诺·鲁比克收获了财富和荣誉，让他可以在后半生专心发明并制作其他益智游戏。

人们围绕魔方的构造理论和解答方法出版和发表了众多书籍和文章。在互联网上也有大量专门讲解魔方的网页。每年涌现的大量文献可追溯到 20 世纪 80 年代，那时，人们对魔方的热情几近狂热。乔治·赫尔姆斯编纂的文献收录了 22 种语言的 719 篇文章。1979 年有 14 篇著作发表、1980 年 52 篇、1981 年 174 篇、1982 年 70 篇、1983 年 15 篇。詹姆斯·诺斯的著作《魔方的简单解法》（*The Simple Solution to Rubik's Cube*）是 1982 年 1 月全球销量最大的图书，在畅销书排行榜上停留三年之久，总共卖出了逾六百万册。另有多本魔方书籍的销量都超过了百万册。

世界各地都在举办魔方竞赛。世界魔方协会（WCA）为众多比赛提供赞助。

最厉害的魔方玩家不到 10 秒就能还原 $3 \times 3 \times 3$ 魔方。有一点要说清楚，世界魔方协会的规则允许在开始拧魔方之前先观察 15 秒。15 岁的澳大利亚冠军菲利克斯·曾姆丹格斯平均用 8.5 秒就能将魔方还原。他也能解决更难的 $4 \times 4 \times 4$ 魔方，平均耗时 42 秒；还有极难的 $5 \times 5 \times 5$ 魔方，平均耗时 68 秒。

有些记录没那么正规，但也成为了经典战绩，像体育竞赛纪录一样不断被刷新。2010 年的单手拧魔方冠军用时 14.7 秒。脚拧魔方冠军用时 42 秒。2008 年 11 月 16 日，米兰·巴提克用不到 24 小时的时间复原了 4786 个魔方，打破之前 3505 个魔方的纪录。值得一提的是，巴提克

2 魔方主义画派：这些画作由 9 种像素块构成，艺术家用足够多的魔方，将其一面拧成不同颜色的 9 个像素块，用 6 种颜色耐心拼成整幅作品。

连续 24 小时成功保持了每个魔方平均耗时 18.05 秒的惊人速度！

魔方盲拧更加不可思议。玩家对魔方进行观察之后，蒙上眼睛拧转魔方。2010 年的盲拧冠军庄海燕包括观察步骤的整个操作过程只用了 31 秒。盲拧魔方数量的世界纪录属于印度尼西亚人穆哈默德·伊里勒·凯鲁·阿纳姆。2010 年，他在观察魔方后蒙上眼睛，于规定的一小时内逐一还原了 16 个魔方。

最年轻的魔方玩家在成绩被认可时只有 4 岁。年纪最大的玩家高龄 88 岁。魔方盲拧的难度更大，玩家年龄纪录分别是 10 岁和 60 岁。

玩魔方的成就感在于把玩时体验到的乐趣。仅由磁铁吸在一起的八方块立方体益智游戏比魔方还早几年诞生，它与魔方类似，却更为简单。磁铁吸附的方块很容易被拆下，而非只能转动变换位置，因此，玩家可以投机取巧，游戏也未能引起轰动。魔方的天才创意在于机械创新，而非数学创意。

在魔方各类卓然出众的变体中，空心魔方堪称奇迹。空心魔方的外观和转动方式与魔方相同，只是魔方用于运转的所有构件都消失了：立方体中心和每个面的中心都是空的，仅剩下 8 个角块和 12 个棱块，就能完全像魔方那样移动（参见右图）。缔造魔方神话的精巧机械结构就这样被超越了！如果你想尝试研究魔方的各种变体，且不想一一购买，可以通过网上的免费小程序就模拟操作（特别推荐：www.randelshofer.ch/rubik/index.html）。

数一数还原魔方的步骤

很容易看出，15 步不足以将任意形态的魔方恢复原状。魔方的 6 个面都可以转动 90 度、180 度或 270 度，因此，魔方每转动一次（一个面的旋转）共有 18 种选择。转动一次可以变出 18 个形态，转动两次，最多可以变出 $18 \times 18 = 18^2$ 个不同的形态，依次类推。如果最多转动 15 次，可变出的不同形态数目小于或等于：$18+18^2+18^3+18^4+\cdots+18^{15}=7.1435 \times 10^{18}$。

不过，这一数字却小于魔方可变出的形态总数，即 4.3×10^{19}。所以，如果最多只转动 15 次，我们无法变出所有可能形态。如果魔方处于一个无法只用 15 步拧成的形态，恐怕需要至少转动 16 步才能还原。进一步推理指出，某些形态需要至少 17 步还原。

能将魔方还原已经很不错，如果能用最少的转动步数将魔方还原，就更好了……当然，难度也更大。世界魔方协会设立了一个竞赛，衡量参赛者们节省转动步骤的能力，规则如下：

（a）参赛者有一小时时间观察并仔细研究被打乱的魔方，必要时，可以借助铅笔、纸张、三个辅助魔方和有颜色的小胶条；

（b）一小时后，参赛者将自己找到的最优转动步骤按标准记录方法写下来。

解法的长度即面的转动次数，一次转动也可以是四分之一圈或者半圈。2010 的冠军是匈牙利人伊斯特万·柯察——看看！又是匈牙利人！他用 22 步转动还原了试题中打乱的魔方。值得注意的是，这个数字确实已经很小了。书籍或各种网页里介绍的魔方还原方法大约需要 60 步，一些更难学的最佳方法也要 30 步。柯察取得 22 步的优异成绩，并不是因为 2010 年的题目碰巧简单。2009 年，该项竞赛的冠军也用了 22 步，2011 年的纪录是 25 步，2012 年为 20 步，2013 年为 21 步。参赛者在不断进步，随之也出现一个问题：能否总用22步或者更少的步数还原魔方？更确切地说，顶级参赛者面对最坏情况时要转动多少步？

当纯理论遇上实际困难

长久以来，人们怀疑终极答案是20步。2010年7月，该结论被证实确凿。魔方转动步数的研究可以归结为某些数学群的研究，所以，我们曾认为依靠不断完善的数学知识能揭开谜底。我们所研究的魔方结构不包含任何随意性。这和国际象棋的例子恰恰相反。国际象棋拥有复杂的规则，可能出现的棋局图像十分繁复难懂。在这里，我们用图来表示魔方问题的结构（参见"魔方的图论"），并用十分简单的几何元素加以定义。对数学家来说，这似乎是比较理想的状态，他们可以尽情施展才华，依赖群、群的分类、群的分解等数学知识得出答案。然而，没有得出任何结果，纯理论方法最终被证明是不可行的！

4. 魔方的图论

我们将魔方所有可能形态用图示表达出来。图的节点是4.3×10^{19}种可能的形态，若两个形态可以通过魔方一个面的一次旋转相互转化，相应两个节点由一条弧连接。

我们无法完整呈现这幅图。魔方图具有高度的对称性，因为所有节点都相互等价，与立方体顶点图的情况相似。寻找还原魔方最优转动步骤就转化为如何在该图中找到最短路径。寻找还原最难形态所需的最多转动步数等价于寻找距初始形态最远的形态，基于本图的对称性，问题又转化为寻找图的直径，即图中两个节点之间的最大距离。

由于图太大，在图中无法直接应用一般算法（计算最短路径和直径，等等），即便使用强大的计算机网络也是如此。通过改造算法并尽可能利用图的特殊性质，才能算出图的直径。

研究者们采用了如下想法：为了计算A和B两个位置之间的一条短路径，可以选取距A不太远的形态C，然后找出A和C之间的最短路径以及B和C之间的最短路径。将这两条最短路径相连，未必能得出A和B之间的最短路径，但已能得出足够好的结果。另外，通过变换C，能基本确定A和B之间的最短路径。

对魔方图直径问题的研究已有三十年之久，却进展缓慢，直到2010年7月才证明直径等于20。为了感受一下进展速度，让我们回顾一下关键日期、证明者姓名及其得出的直径：1981年7月摩温·希斯特斯维特得出52，1993年4月汉斯·克鲁斯特曼得出42，1992年5月迈克尔·瑞德得出39，1992年5月迪克·温特得出37，1995年1月迈克尔·瑞德又得出小于29且大于20，1995年12月斯尔夫·拉度得出28，2006年4月斯尔夫·拉度又得出27，2007年5月丹·康克勒得出26，2008年3月托马斯·洛基奇又得出23，2008年8月进一步得出22，2010年7月托马斯·洛基奇、赫伯特·科辛巴、莫雷·戴维森和约翰·戴斯里奇最终证明直径等于20。

　　伴随最后一个结果的诞生，人们得出下面的列表，指出了与初始形态相距给定距离的节点数量。列表中最后几行是近似结果。

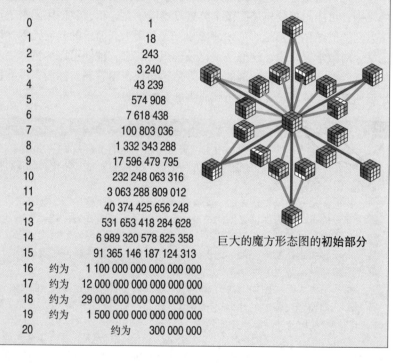

0		1
1		18
2		243
3		3 240
4		43 239
5		574 908
6		7 618 438
7		100 803 036
8		1 332 343 288
9		17 596 479 795
10		232 248 063 316
11		3 063 288 809 012
12		40 374 425 656 248
13		531 653 418 284 628
14		6 989 320 578 825 358
15		91 365 146 187 124 313
16	约为	1 100 000 000 000 000 000
17	约为	12 000 000 000 000 000 000
18	约为	29 000 000 000 000 000 000
19	约为	1 500 000 000 000 000 000
20		约为 300 000 000

巨大的魔方形态图的**初始部分**

　　20步，这个答案最终通过一系列算法的拓展研究才得以证实，前后历时二十年。人们必须借助强大的运算能力才能修成正果，相当于一台台式电脑不间断工作35年。研究人员动员业界巨头谷歌公司出借一批计算机，花了几周时间才完成运算。

打乱魔方可以得到的形态数量是 4300 亿亿。除了转动，如果将魔方拆卸再随意重组，形态数量就会翻 12 倍，那么，仅有十二分之一的概率能将魔方还原。魔方的这一性质和 Taquin 游戏类似：将 Taquin 拆卸并随意拼回图形，只有二分之一的概率能找回初始位置。

我们可以逐一处理 4.3×10^{19} 个可能形态，找到最佳转动步骤将魔方还原。赫伯特·科辛巴自 1992 年就开始研究这个问题，并找出了优越的算法。多亏了他，找到给定魔方形态的最少还原步骤不再是梦想。对于给定形态，强大的机器通常也需要好几秒钟才能找到最优转动步骤。采用每秒处理一个形态的算法，计算每一个形态的最优转动步骤，最终找出魔方最复杂的形态，这需要调动现今地球上存在的全部十亿台计算机一起工作 1300 多年。强使蛮力也无法给出答案。

另一个办法主张逐步处理，记住所得结果，并将其重复利用。观察一步转动能够得出的所有形态（一共 18 个），将一步转动所得形态的相关信息列出。从这些形态出发，进行下一步所有可能的转动，此后，再将两步得到全新形态的相关信息记录下来。

以相同方式继续，我们渐渐记录下达到所有可能形态的最短路径信息（因为，当我们第一次生成一个形态时，不可能有更短的转动步骤来得到它）。当最新一步计算无法再产生新形态时，终止算法。我们确信，能够得到所有最短路径的长度，同时，找到所需还原步骤最多的魔方形态。

理论上，这个方法更好地利用了已逐步保存的计算结果，比上一个方法速度更快。然而，由于信息存储量过大，此法依然不可行。想要完成刚刚描述的算法，逐步计算所有最短路径，所需存储量是地球上所有计算机硬盘的存储量总和，数量级为 10^{21} 字节！

算法的功劳

在过多运算和过大存储之间，必须找一个折中的办法。托马斯·洛基奇、科辛巴、莫雷·戴维森和约翰·戴斯里奇找到一个办法，证明了 20 步就是将魔方从最复杂形态还原所需的转动步数。他们通过长期研究和一系列改进措施，希望限制问题的复杂性，同时，利用一台现代化计算机的存储和计算能力，确保绝不超出当今技术的极限。

3 **魔方最经典的变体**是 $2 \times 2 \times 2$ 魔方、$4 \times 4 \times 4$ 魔方的复仇、$5 \times 5 \times 5$ 教授魔方。这些都是世界魔方协会的竞赛项目。2008 年上市的 $6 \times 6 \times 6$ 魔方和 $7 \times 7 \times 7$ 魔方体积最大。$2 \times 2 \times 2$ 魔方的形态总数是 3 674 160 种，$3 \times 3 \times 3$ 是 4.3×10^{19} 种，$4 \times 4 \times 4$ 是 7.4×10^{45} 种，$5 \times 5 \times 5$ 是 2.8×10^{74} 种，$6 \times 6 \times 6$ 是 1.57×10^{116} 种，$7 \times 7 \times 7$ 是 1.95×10^{160} 种。这已经超过了可见宇宙中信息量的比特数！魔方的数十种变体风靡全球，包括给视障人群的盲文版魔方。

利用问题的对称性可以略微减小运算规模。此外，将问题分解成数量众多的子问题，凭借类似上述渐进法的办法，一台计算机的存储能力就足以完成整体处理。于是，问题就被分解成 2 217 093 120 个子集，各自包含 19 508 428 800 种形态。再次利用对称性，所要处理的子集数量还可减少到 55 882 296 个。

最复杂情况至少需要 20 步完成，科辛巴算法的一个变体正是利用了这个信息。从 1995 年起，人们便知道少于 20 步无法还原某些形态。因此，对于给定形态，只要找到一个小于 20 步的解法，即便不是最优方法，我们就不再费力寻找更简短的路径了。

为了证明"20 步足以还原最复杂形态"，冗长的运算还得出了另外一些有趣的信息。比如，所需步数的平均值为 17.7 步。需要 20 步才能还原的复杂形态比较少见，大约有 3 亿种。这意味着，如果随机抽取，出现这种复杂形态的概率少于一千亿分之一。这些信息让我们认识到，能够用 22 步还原魔方的魔方达人已经十分接近完美境地，着实值得称赞。然而，尽管他们做出了巨大努力，经历了艰苦训练，却仍然无法发现最优的转动步骤。

曾几何时，这个有着三十余年历史的游戏向全体计算机科学家们宣战，研究者们费尽心思才解决了最复杂形态的问题。魔方也要挑战数学家。目前，面对这个简单的纯代数抽象问题，数学家们只能听任机器摆布，勉强接受一个任何数学理论家都无法质疑、却也无法手工验证的结论。

第三章

几何与算术的桥梁

　　有时候，几何问题会超出其自身范围，算术与代数在不知不觉中现身，成为彻底理解图形及其相互关系的必经之路。本章各主题都有一个共同点，就是在几何与数字之间架起桥梁，展现了数学世界的完整统一。

矩形的乐趣

　　矩形，这个几何基本图形有太多值得数学家探讨的地方，在几何学三千年的历史中也未能尽述。

　　没有什么比矩形更简单！矩形却又蕴藏着无限精彩，我们就找出颇为出人意料的几个问题来看一看。你可能会惊奇地发现其中很多都前所未见。

　　我们就从基础问题开始。用边长为 1×2 的矩形多米诺骨牌来覆盖一个边长为整数 n 和 m 的矩形棋盘，这是一个很简单的问题。若 n 和 m 都是奇数，棋盘上方格总数也会为奇数，因而无法覆盖。若 n 或者 m 为偶数就行得通，只需按照 n 或者 m 为偶数的情况，水平或者垂直地摆放骨牌即可（参见图 a）。

分割与涂色

　　通过将棋盘上的方格交替涂成两种颜色的方法，所有下类问题都能得以解决：从边长为 $n \times m$（n 或 m 为偶数）的矩形中拿掉两个 1×1 的方格，能否用骨牌覆盖矩形剩下的部分？

　　如果拿掉颜色相同的两个方格，例如两个处于对角位置的方格，答案是否定的：每个骨牌覆盖一个黑色方格和一个白色方格，现在却多出同一种颜色的两个方格。如果拿掉颜色不同的两个方格，少了两个方格的矩形仍能被骨牌覆盖：我们来寻找一条能经过所有方格，而且能回到起点的路径（该路径在 n 或 m 为偶数的情况下存在）；如果拿掉两个颜色不同的方格，剩下的两段路径长度为偶数（图 b 中绿色和红色），很容易被骨牌覆盖。

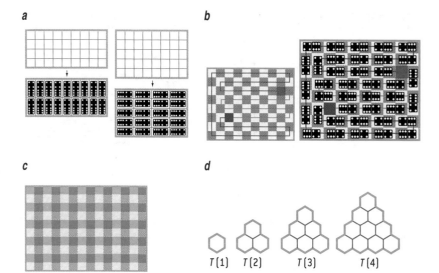

a

b

c

d

$T(1)$ $T(2)$ $T(3)$ $T(4)$

借助涂色的推理很有效，有时也很微妙。因此，虽然 140 是 4 的倍数，怎样证明 1×4 的矩形无法正好覆盖 10×14 的棋盘呢？我们给棋盘像图 c 那样涂上四种颜色。将一个 1×4 的矩形垂直或水平放在涂了色的方格上，它必然覆盖两个同颜色的方格和两个另一种颜色的方格。假设我们能够用 1×4 的骨牌覆盖 10×14 的棋盘，以绿色格子为例，被覆盖的绿色方格数目就应该是偶数。由于有 35 个绿色方格，假设不成立。通过同样的推理也可以知道我们永远无法用 1×4 的矩形覆盖 6×6、6×10、6×14、10×10、10×14 的棋盘，以及所有 $(4n+2)×(4m+2)$ 的矩形，尽管其中的方格总数都是 4 的倍数。

我们注意到，借助涂色的推理并不能证明覆盖问题的所有不可能情况。约翰·康威和杰弗瑞·拉加利亚斯在仔细研究了涂色论证法可以推导的结论之后，于 1990 年提出了一个问题，他们证明无法用涂色论证法来解决。

该结论不是关于矩形，而是关于由六边形并列构成的图形 $T(n)$（参见图 d）。康威和拉加利亚斯证明了若 $n = 12k$，或 $n = 12k + 2$，或 $n = 12k + 9$，或 $n = 12k + 11$，$T(n)$ 便可以由 $T(2)$ 拼接而成。而其他情况下，无法用 $T(2)$ 拼接成 $T(n)$，然而，这一点却无法用任何涂色论证法证明。

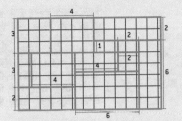

传递定理表明："若一个矩形能以其他若干矩形拼接而成，且拼接所用的矩形都至少有一条边长度为整数，则该矩形本身至少也有一条边长度为整数。"

下面来证明该定理。设矩形边长为a和b，由各自至少有一条边长为整数（整数边）的若干矩形瓦块（可能互不相同）拼接而成。假设a和b都不是整数，就会得出矛盾，并得出所求结论（a或b是整数）。

(1) 在大矩形上画出由边长为1/2的方格构成的棋盘图案。将左下角方格涂黑，并从此处开始按棋盘图案涂色（如上方右图）。

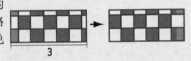

各自拥有一个整数边且在棋牌上水平或垂直摆放的矩形瓦块所覆盖的白色与黑色面积相等。其实，其整数边恰好对应棋牌上偶数个方格（如上图）。

假设边长为a和b的矩形可以完全被至少有一个整数边，即覆盖相同白色和黑色面积的矩形拼接，就可以推断：该矩形本身包含相同的白色和黑色面积。

(2)通过画出边长为[a]和[b]的矩形（[x]表示x的取整部分，比如[3.14]=3），我们来看看如何呈现整个矩形。以下图左为例，[a]=4，[b]=5。通过延长其两边，包含该矩形且边长为a和b的大矩形被分割成四个矩形，分别记作A、B、C和D（参见图示）。矩形A由包含两个黑方格和两个白方格的方块组成，因此其白色面积和黑色面积相等。矩形B和C也一样，如同第(1)点所示，因为它们各自都有一条整数边。现在，还剩下小矩形D。

(3)a和b都不是整数的假设意味着[a]<a<[a]+1且[b]<b<[b]+1。根据a与[a]之差是否小于1/2，以及b与[b]之差是否小于1/2，总共有四种情况要考虑，将其记作D_1、D_2、D_3和D_4。我们将要证明这每一个矩形的黑色面积要大于白色面积。

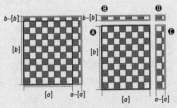

对于图中前三种情况，结果很明显。对于D_4，则需要仔细考察。就像放大的D_4中看到的那样将其分割（下图），我们看出它包含的黑色也比白色多。图中，面积x和x'相等，y和y'相等，z和z'相等。t就是D_4中多出的黑色面积。

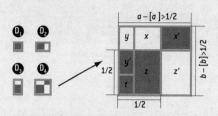

(4) 从大矩形整体来看，黑色面积确实大于白色面积。这个结论与第(1)点中的结论矛盾，结果就是a和b都不是整数的假设不成立，即边长a或b为整数。

1×2和1×3的矩形拼接

用1×2和1×3矩形进行拼接似乎很容易。这么说也对，也不对。一方面，一个由方块并列构成的图形是否可以用水平放置的1×2矩形和垂直放置的1×3矩形拼接而成？根据丹尼尔·波切、莫里斯·尼瓦、埃里克·雷米拉和迈克·罗伯森在1995年证明的结果，这是一个NP完全问题。因此没有任何已知多项式时间算法可以解答这个问题。人们认为，NP完全问题在现实情况中无法解决，因为，解决问题所需的时间会随着数据取值增大而骤增。

另一方面，尽管有结论指出1×2和1×3矩形的拼接很难找到，与此同时，另一个结论却表明这类拼接有时候又很容易找出：如果我们不强求必须将1×2矩形水平放置且将1×3矩形垂直放置，情况就会完全不同。没有水平或垂直限制的情况下，一个由方块并列构成的图形是否可以用1×2矩形和1×3矩形拼接而成？雷米拉解决这个问题所需的时间与待拼接图形中的方块数目成正比，也就是说，很快就能找到答案（参见图e）。

这两个结论的证明较为复杂，我们将不做展开。然而证明过程却阐释了一个理念：算法的介入赋予了几何学全新的含义。数学家总是出于好奇心不断拓展他们的研究疆域。

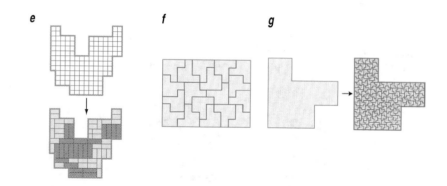

多米诺骨牌或者由若干正方形并列组成的一般多边形块的拼接问题，其意义不仅在于趣味性。2008 年，位于格勒诺布尔的法国国家信息与自动化研究所（INRIA）研究员大卫·范德海格和蒙特利尔大学的维克托·奥斯特罗姆科夫以多边形块拼接的矩形为基础设计了一种图形表示方法，可以得到更好的美学效果。将一幅图像分割成不太规则、排列不太整齐的"像素"，效果比由矩形栅格构成且完全规则的常见网络所形成的编码方式要好很多。如何根据用给定多边形块拼接而成的矩形（迈克尔·瑞德在 20 世纪 90 年代对此仔细进行过研究），推衍出用该多边形块拼接其自身形状的方法（参见图 f 和 g）。重复多次这样的拼接，能很容易将任何矩形分割成尽可能精细的不规则"像素"。

以矩形拼接矩形，并对之前提到的 10 × 14 矩形拼接问题进行推广，下面就是此类拼接谜题中最简单的一道题："用若干个 $a \times b$ 的小矩形，在什么情况下可以恰巧填满一个 $n \times m$ 的大矩形（n、m、a 和 b 均为整数）？"尼古拉斯·德布鲁因和大卫·克拉那尔在 1969 年解答了这个问题。当且仅当下面三个条件同时满足时，矩形 $n \times m$ 可以被 $a \times b$ 的矩形覆盖：

(1) nm 为 ab 的倍数；

(2) n 和 m 均可写成 a 与 b 和的形式；

(3) n 或 m 为 a 的倍数，且 n 或 m 为 b 的倍数。

用相同的矩形拼接矩形

我们来仔细思考一下这三个条件。条件 (1) 显然是必须的。条件 (2)

也是必须的，因为若要拼接方式成立，沿着大矩形长度为 n 的边，应该有 a 与 b 之和的形式来表示 n，例如 $2a+5b$。对 m 亦然。条件 (3) 也是必须的，但必要性没那么一目了然，否则，该结论早在 1969 年以前就应该得到证明了！我们注意到，若满足条件 (3)，有可能 n 既是 a 的倍数又是 b 的倍数，那么 m 则可以既不是 a 的倍数也不是 b 的倍数。我们稍后再回到条件 (3)。

这里有几个应用实例，来说明德布鲁因和克拉那尔所得结论的意义。涂色论证方法证明用 1×4 矩形无法拼接 10×14 矩形，即之前所述的不可能性。该结论不足为奇，通过一般定理也能得出；而 n 和 m 都不是 4 的倍数，条件 (3) 不满足。

1×10 矩形能否拼接成 16×25 矩形？这里也是条件 (1) 和 (2) 满足，而条件 (3) 不满足。答案为否定。

7×3 矩形能否拼接成 21×11？条件 (1) 和 (3) 满足，而条件 (2) 不满足：11 不能通过（零个、一个或多个）7 与（零个、一个或多个）3 求和得到。答案为否定。

4×10 矩形能否拼接成 22×20 矩形（参见图 h）？条件 (1) 和 (3) 满足，由于 22=10+4+4+4，条件 (2) 也满足。答案为肯定：请读者自己找出拼接方法！

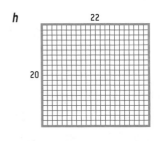
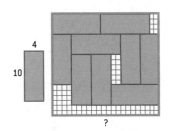

特性的传递

为了证实以 $a \times b$ 矩形拼接 $n \times m$ 矩形必须满足条件 (3)，我们将用到下面这一定理，名为"传递定理"：

"若矩形 R 能以一系列矩形瓦块拼接而成，且每一个矩形瓦块都至少有一条边的长度为整数，则矩形 R 本身也至少有一条边的长度为整数。"

每一个用来拼接的小矩形都"至少有一条边的长度为整数"，这条性质由小矩形传递到了拼接而成的大矩形。证明这条性质可一点也不简单（参见"传递定理"）。

从很多方面而言，该结论都别具意义。第一个证明方法采用了双重积分计算。1985 年，休·蒙哥马利对已知证明方法的复杂性感到十分惊讶，于是，在一次美国数学家协会的会议上，他恳请同僚们找出更简单的证明。几个月之后，斯坦·瓦根发表了一篇有 14 种证明方法的论文！"传递定理"给出了其中的一种。一定要聚精会神地看，这是一个完全图形化的证明方法……用的也是涂色法。

面对同一个复杂结论的多种证明方法，大家也能趁机思考一下数学家们经常提出的问题：什么是好的证明方法？什么才是特定结论最优美的证明方法？是否可能有一致公认的最佳证明方法？

传递定理的情况尤其丰富多彩。人们就最优证明方法各抒己见。有些证明很短，却需要具备罕为人知的预备知识。有些证明很容易推广，似乎蕴藏着很大的潜力。然而，由于存在各种各样可行的推广方法，把推广作为标准来甄选最佳证明方法，也无法取得一致公认的结论：对最佳证明的见解因人而异。

在众多针对矩形的传递定理推广中，我们引用两个颇为有趣的例子，它们指出了即便在几何学里，数论也有用武之地（稍后介绍的另一个结论也证实了这一点）。第一个很简单，第二个则不然。

- ❏ "有有理数边长"性质的传递：若矩形 R 能以一系列矩形瓦块拼接而成，且每一个矩形瓦块都至少有一条边的长度为有理数（即为 p/q 的形式，p 和 q 均为整数），则矩形 R 也具有这一性质。

- ❏ "有代数数边长"性质的传递：若矩形 R 能以一系列矩形瓦块拼接而成，且每一个矩形瓦块都至少有一条边的长度为代数数（即整数系数多项式方程的根），则矩形 R 也具有这一性质。

我们回过头来看看用 $a \times b$ 矩形拼接 $n \times m$ 矩形时遇到的性质 (3) 问题。若拼接方式存在，则必须一方面 n 或 m 是 a 的倍数，另一方面，n

或 m 是 b 的倍数。确实是这样吗?

　　下面的推理证明了的确是这样。取一个由 $a \times b$ 矩形拼接而成的 $n \times m$ 矩形。我们对其进行被称为"位似"的操作,将所有尺寸缩小 a 倍,于是就得到由拥有一条整数边的 $1 \times (b/a)$ 矩形拼接而成的 $(n/a) \times (m/a)$ 矩形。根据传递定理,n/a 或 m/a 本身也是整数,于是 n 或 m 为 a 的倍数。同理,n 或 m 为 b 的倍数。这正是我们想要的结论。

2. 著名的分割方法

　　一个著名的矩形分割问题引发了大量相关研究,即是否可以用大小各不相同的正方形来拼接成一个矩形(或正方形)。

　　在斯图尔特·安德森的网站上(http://www.squaring.net)可以找到与该主题相关的所有信息:历史、详细结论、最新研究。以下是该问题的三个变体。

　　(1)以正方形来拼接正方形,并且,对拼接中所用正方形进行任意其他组合都无法得到矩形。例如(图中)"无矩形"的23×23正方形拼接。1999年,伊恩·加比尼在马赛的博士论文答辩就选用这个题目。论文给出了解决此类问题的有效算法,研究结果也揭示了很多新的正方形拼接方法。拼接正方形所用的大小不同的正方形的最小数目是21。杜维斯迪恩在1978年发现该结论,并证明21已经是最小数字,并且用21个正方形拼接的方法是唯一的。

　　(2)以大小不同的正方形来拼接正方形,却不是在平面上,伊恩·斯图尔特在莫比乌斯带上(正方形两边反向相接)或环面上(上下边以及左右边分别方向不变地相接)进行尝试:按照箭头重叠的方式将边相接。

　　(3)弗雷德里克·亨勒和詹姆斯·亨勒在2008年证明了一个让人吃惊的结果:用所有边长分别为1, 2, 3, …, n 的正方形,且每个只用一次,可以铺满整个平面。如图是这种拼接方法的(简单)开始。

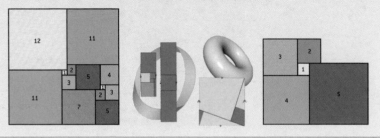

3. 以相似矩形拼接一个正方形

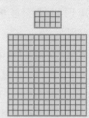

给定边长为1的正方形，可以很容易看出，对于任意有理数p/q（p和q均为正整数），都能以比例为$1 \times (p/q)$的矩形拼接成该正方形。这是由于我们知道如何以$q \times p$矩形拼接成边长为pq的正方形，因为定理中的三个条件都满足。例如，对3/5比例的拼接方法。

很自然，问题是怎样的实数t，能使比例为$1 \times t$的矩形拼接成边长为1的正方形。

t为有理数时，除了一些十分规则的拼接方法之外，也有可能实现其他拼接方法。例如，是否有如下图那样由三个相似矩形构成的拼接方法？

假设可能，并将三个矩形的宽与长之比记作t。棕色矩形的宽为t。黄色矩形边长为$1-t$和$t(1-t)$。通过减法，得出橙色矩形边长为$1-t(1-t)$和$1-t$。如果最后这个矩形有恰当的比例，最终构造将十分完美，即：如果满足$t=(1-t)/[1-t(1-t)]$，由此得出$t^3-t^2+2t-1=0$。

这是一个三次多项式，拥有唯一实数根0.569840291…。这就是用于拼接正方形所需的矩形的准确比例。

我们得出一个拥有整数系数的多项式，这并非巧合。以大小不同但比例相同的矩形来拼出正方形，无论采取何种拼接方法，结论都会是：边长比例t为某一整数系数多项式方程的解。更令人惊讶的是，逆命题也基本成立。其实，克里斯·佛雷凌、丹·里纳、米克罗斯·拉斯科维奇和乔治·塞凯赖什已经证明了下面这个重要的结论：

"当且仅当t为代数数（即整数系数多项式的根），且其极小多项式（也称最小多项式）的所有根的实部为正数时，$1 \times t$矩形的相似矩形可以拼接成正方形。"

"极小多项式的所有根的实部为正数"，这个条件实在令人费解，似乎不能用简单的几何方法阐释清楚。

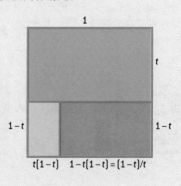

佛雷凌与里纳在 1994 年，拉斯科维奇与塞凯赖什在 1995 年分别独立证明了一个惊人的结论，指出矩形拼接这个简单问题将不可避免地牵扯出代数数（即整数系数多项式方程的根，例如 $\sqrt{2}$ 是 $x^2=2$ 的根），以及极小多项式（根为代数数 x 的最低次多项式）的概念。下面就是将我们从矩形引领到数论领域的重要结论：

"当且仅当 t 为代数数，且其极小多项式的所有根（某些根可能是复数）的实部为正数时，$1 \times t$ 矩形的相似矩形可以拼接成正方形（参见"以相似矩形拼接一个正方形"）。"

值得注意的是，该定理有着奇特的推论：比例为 $1 \times \sqrt[3]{2}$ 的矩形无法拼接成正方形，而比例为 $1 \times (1 + \sqrt[3]{2})$ 的矩形则可以。事实上，一方面 $\sqrt[3]{2}$ 的极小多项式是 $x^3=2$，其两个复数根的实部为负数；另一方面，$(1 + \sqrt[3]{2})$ 的极小多项式是 $(x-1)^3=2$，其复数根的实部为正数。

在有关矩形的简单论断中，萨穆埃尔·马尔特比在 1992 年证明了一条独特并有趣的定理。将一个矩形区域分割成可完全重叠的三部分（即形状和面积完全相等），这可行吗？当然，图 i 中的分割方法 A 对任何矩形都成立（可以推广至将矩形分割成可重叠的 n 个部分，其中 $n \geqslant 1$）。当长宽比为 3/2 时，还有分割方法 B。

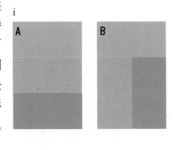

马尔特比定理的证明会写满十几张纸，定理证实了在这两种显而易见的方法之外，不存在任何其他"矩形三分法"。如果土地所有人想把自己的矩形田地完全平均地分给三个孩子的话，留给他们的田地也只能是矩形的了！

等面积三角形分割

让我们用保罗·蒙斯基的一个复杂定理（陈述起来却很简单）来结束这段有关矩形最新结论的小小探索吧：

"若正方形（或矩形）能以等面积三角形拼接而成，那么三角形的数目为偶数。"

1999 年，舍尔曼·施泰因将这个可追溯到 1970 年的结论推广至由奇数个正方形组成任意多边形块的问题。他指出，无法将该无穷形状集合中的每一个元素都分割成奇数个等面积三角形……这真让人难以捉摸！

在《挂画问题》那一章，我们曾说过单色画展览也可以变得很有趣，只要将墙上的画框翻过去，研究一下挂画问题，大家就能充分体会数学谜题的乐趣。现在，如果你肯陷入数学的沉思与冥想，连画框都不用翻——单是琢磨矩形的画框，便能带来无尽的灵感。

数字自动机

艾力克·安吉利尼制定出简单规则，将一个数列转化为另一个数列，一个怪诞又美妙的世界从此涌现。

Donna Bise, Gamma Liaison

1 马丁·加德纳欣赏克莱因瓶

谨以本章向马丁·加德纳致敬，他于2010年5月22日逝世，享年95岁。在其研究的近千个课题中，加德纳让人们认识了"生命游戏"中的细胞自动机。直到今天，人们还在继续着相关研究，而加德纳本人也就此贡献了不少笔墨。他一生著作逾70本！本章描述了一个类似生命游戏中那样的一维自动机。我们对这个游戏知之甚少，只知道它看起来很有意思，而且充满数学奥秘。而马丁·加德纳却能完全识破其中的奥秘，并以无限的才华和热情将其分享给数百万读者。

优秀的数学游戏一定基于无需任何抽象知识的简单原理。基本规则应该尽可能衍生出简单的组合或几何操作——娱乐性第一。最后，一旦原理确定，各种难度的合理问题就应随之出现。

这些问题会诱使感兴趣的人心甘情愿地投入大量时间，一旦上钩，就会花上几个小时、几天时间，甚至有人为此耗费毕生精力。六角折纸（1956年12月，马丁·加德纳在《科学美国人》上首篇文章的主题）、幻方、几何分割、数独、Taquin就是这样的数学游戏，让好奇的人们如痴如醉，也为他们带来长时间的乐趣。

艾力克·安吉利尼是数学游戏的爱好者和发明家。我们将会在别的地方介绍一些他的发明，其中包括质数概念的一条推广（参见章节《蜥蜴数列及其他发明》）。近来，他提出了一个细胞自动机，虽然研究尚不完整，却成果颇丰。下一次，在假日里百无聊赖的时候，你就可以找点儿事做了。

安吉利尼把他的游戏叫作 SoupAutomat。如果你在网上搜索 SoupAutomat 这个名字，除了你要找的页面，还会出现一条搜索结果向你建议 23 种番茄汤菜谱[1]！

游戏规则

从一个由空格（有时也用点表示）分隔的数字序列开始，推衍出一个新的数字与点的序列。

"增量移动法则"规定每个偶数向右移动与其数值相应的空格数，并在移动到相应位置时，数值增加 1(a)。

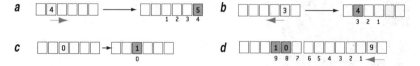

对于奇数规则相同，只是移动方向向左。于是 3 就变成 4(b)。

当然，0 的位置不变，但数值变成 1(c)。

请注意，9 变成 10 后，就成为两个数字并占据两个空格 (d)。

若多个数字到达同一个格子，其值相加，若和超过 9，就像 (e) 这样写在多个格子里。

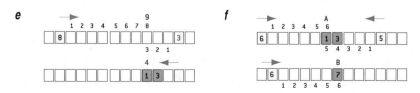

注 1 法文番茄汤 "soupe aux tomates" 的拼写和读音与 SoupAutomat 相似。——译者注

这还未结束，因为还要预计到达每个格子的（可能是多个）数字之间如何相互影响。例如，考虑两个相邻的格子 AB。

假设初始行应该在格子 A 中得到 13（因为假设左边六个位置有一个 6，移动后变成 7，右边 5 个位置有一个 5，移动后变成 6，相加得 13）。同样，格子 B 中得到 7（左边 6 个位置有一个 6）(f)。

对于新一行，就需要将 13 和 7 "合在一起"。安吉利尼提出数字的叠加应该依照从左向右进位的加法规则，于是得到 110(g)。

当一列的和超过 9（比如 12），就记下 1，将 2 进位到右边的下一个格子，再计算其结果。

这样的加法规则有些别扭，但它的优点是相对通常向左进位的加法更加容易执行，也更容易编程。

读者可以通过检验以下变换的正确性来练习一下 (h)。

我们现在跟随数字 0，看看它如何一代代变化，生成无穷无尽的瀑布形状（参见"数字 0 的生命力"）。

数字 0 是难以渗透的动力源泉，代代相连能呈现出越来越复杂的图案。

数字瀑布的一般形态可以简述如下：从只有数字 0 开始，数列一点点增长，并同时慢慢向左移动。增长和向左移动都很规则。活动部分越来越大，从远处观察显得相当均匀一致。

若采用其他初始状态，我们往往也可以得到与数字 0 所限定的类似动态行为：规则增长并逐渐向左移动。一个启发性推理——即能说明问题却并不严格的推理，对向左移动给出了如下解释：

❏ 数字 2、4、6、8 的结果平均向右移动 (2+4+6+8)/4=5；
❏ 数字 1、3、5、7、9 的结果平均向左移动 (1+3+5+7+9)/5=5；
❏ 虽然平均移动相等，但 5 个数字向左而 4 个数字向右，若按照常理，得到一个特定数字的概率在 9 个数字之间变化不大，我们就应该能观察到活动部分整体向左移动。

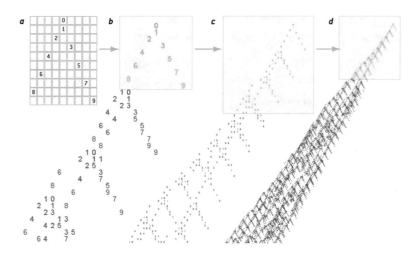

2 **数字 0 的生命力**。整数 0 依照艾力克·安吉利尼定下的细胞自动机规则能爆发出极其复杂的动态，今天我们仍无法精确确定其进展方式（没人能说得出第一万亿代的第一个整数是什么）。相反，变化的一般形态看起来比较容易预测，即活动部分呈现规则增长及向左移动。

类似的启发性推理也得出了针对规则增长的结论：一般来说，我们应该得到图案一代代增长。

启发性推理尽管能帮助我们理解并预测这些过于复杂而无法严格精确地处理的数字现象，但碰到一些特殊情况时，推理也会得出错误结论。若我们不加小心，所得结论与观察结果就会完全相反。

已观察到，却尚未证明

至今，从未发现过任何不是向左移动的例外情况，然而，状态是否能增长却未被系统地证实过。用来练习加法的状态就是一个没有增长的特殊情况：同一行数字规则地重复并向左移动（参见"舰船状态"）。

更准确地讲，从 18……79 那一行开始，每经历 9 代，同样的图案会再次出现，并向左移动 5 格。我们称其为"快艇"，或"舰船"。由于相同的行会周期性重复出现，就不再有增长。今天，我们实际上对

SoupAutomat 的整体性质还是没有确切认识，仍存在很多问题。我们挑出一些最简单的，一个一个地来看看：

❑ 向左移动？

可以观察到，无论初始行如何，所有状态都向左移动。从没有人发现过向右移动的情况。但是，既不能断言没有特例，也不能断言数学方法无法证明任何状态都向左移动。谁能解答这个看似简单的难题？

❑ 移动的速度总相同吗？

在典型情况下，活动部分的中心、左边和右边都在移动。对这三个标记，移动似乎遵循着某种规律。我们可以证明这一点吗？或者，能否至少详细描述移动速度的统计性质？

请注意：若存在特征性的速度，也并不适用于所有状态，正如我们稍后会看到的舰船，其移动速度是变化的。对移动速度的统计结果仅在一般情况下成立，而且有不符合规则的例外。

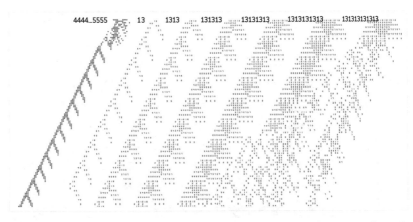

3 **舰船状态。** 舰船状态由 4444……5555 生成（也可以由整数 4213 生成），从 18……79 那一行开始自身重复，每 9 代移动 5 格。整数 13、1313、131 313、13 131 313、1 313 131 313 都各自能生成舰船状态。而 131 313 131 313 则不是这样，它很快就自行毁灭了（同时毁灭了前面的舰船）。吉勒·埃斯波兹多法莱斯以系统性的方法寻找舰船状态：他取从 0 到 250 000 的所有整数计算了其 120 代变化，找出了多种类型的舰船。网站 http://www.cetteadressecomportecinqu antesignes.com/AutomateNBR03.htm 上有更详细的信息。

❏ 移动的最大速度？

目前，观察到的最快移动速度是每4代移动7格，即7/4=1.75（参见舰船 P4D–7）。这远小于理论上的速度极限，即每代移动9格。速度能否超过 7/4？能否证明无法再提高？对于最小速度也有同样的问题。

❏ 活动部分的密度？

活动部分呈现的一般外形相当均匀。这些区域的参数是什么：非空格子的平均密度、取值的平均值、数字分布是否均等？一切都有待此领域的"统计物理学"来研究。

我们来看看到目前为止最为人所熟知的状态：舰船。

六种船……或者更多？

第一个舰船状态是由道格拉斯·麦克内尔发现的，由整数 13 得来，极其简单（参见"舰船状态"）。如之前所述，这是一个每9代向左移动5格的舰船形态。我们称这是一个 P9D–5 型舰船（P 代表周期是 9，D 代表移动 –5）。

整数 1313、131 313、13 131 313 和 1 313 131 313 也都生成 P9D–5 型舰船形态，但 131 313 131 313 却又生成逐渐增长的标准图样。

道格拉斯·麦克内尔和吉勒·埃斯波兹多法莱斯的研究得以找出六种类型的舰船：P9D–5、P16D–11、P6D–6、P4D–7、P26D–15、P18D–10。我们既不知道是否存在其他类型的舰船，也不知道是否存在无穷多种不同类型的舰船。要知道，到目前为止，所有研究都未曾发现过纯粹的周期性图案（不动的舰船），也没有发现向右移动的舰船。

不过，埃斯波兹多法莱斯实现了一种方法，可以给出任意长度的舰船，该方法并不仅仅是将相同的舰船之间的距离拉远（参见"加长舰船和加德纳舰船"）。

值得注意的是，既然我们并不了解增长状态的变化行为的细节，也就永远无法确保这些状态是否总会继续增长，或者其包含数字的数目是否会无限增加。对每一种独特的情况，序列有可能在一定时间以后就变成舰船状态：这似乎不太可能，但又如何能证明呢？结果，对任何一种状态，我们都无法借助数学方法保证其包含数字的数目总能增加：在大多数情况下，通过试验可以看到这种情况，却永远无法证明。谁能够最终证明，某些初始行可以引发数字数目的无限增加？

整数 887 迸发的惊人动力也许能提供一个思路。这个数字能产生相互分离的两种不同类型的舰船状态（参见"887，一个独特的整数"左图）。

于是，运动的行的宽度无穷增长，在数学上，这的确是由其变化行为的周期性造成的，但该状态的数字数目却不符合这种情况。

想要解决这一难题，必须找到生命游戏中著名的"舰船发射"状态：一种状态周期性地发射出一艘远离状态中心部分的舰船，而状态自身又呈现出舰船状态的行为。谁能找出 SoupAutomat 的舰船发射状态？

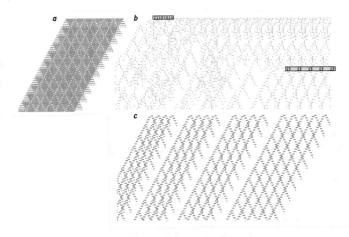

4 **加长舰船和加德纳舰船。**整数 28 202 020 209 呈现的是一个加长舰船，即自身重复相连若干次，依然呈现舰船状态 (a)。这个由埃斯波兹多法莱斯发现的图案可以证明存在任意尺寸的舰船。由马丁·加德纳的生日日期（1914 年 10 月 21 日）得到的数字 21 101 914，并加以重复 (b)，我们能找到基于 13……（13 后面 6 个空格）的加长舰船基本图案 (c)。为了向马丁·加德纳致敬，我们将所有 13…形式的序列相连接而组装成的舰船状态命名为"加德纳舰船"。但是，我们无法描述加德纳舰船的状态，即无法准确指出 13 和…怎样组合可以呈现出舰船状态。

若干奇观

在围绕舰船状态的各种发现中，我们来看看还是由埃斯波兹多法莱斯发现的三个有趣现象。

❑ 在舰船 4···3.8······7···6···9510···2 中，每个数字都用了一次且只用一次。我们不知道是否有更短的情况，但有这种可能性。

❑ 速度不同的舰船相遇，常常只能呈现典型的无序增长并向左移动的图样。然而，人们却发现了一种更有趣的情况，两个舰船相遇后会呈现出两个新的舰船状态（参见"887，一个独特的整数"右图）。

❑ 尽管没有任何已知舰船或已知初始行会向右移动，却可以使信息一行行地向右移动。方法是取一行无穷的 010101010101··· 作为初始一代。该行每隔八代就会重复出现，除了在开头不稳定，呈现一个向右移动并蔓延至整行的无序波。

5 **887，一个独特的整数**（左图），自身就呈现出两个相互远离、互不干涉的舰船状态，这就保证了行的宽度会无限增长。这是证明存在可令数字数目无限增长的初始行的第一步（目前，我们无法严格证明这个结论）。右边，两个舰船衍生出另外两个不同的舰船：这是埃斯波兹多法莱斯的神奇发现。由相距 60 个空格的数字 29 452 和 46 811 生成的两个舰船相遇，在相互作用下生成两个相互分离的新舰船。

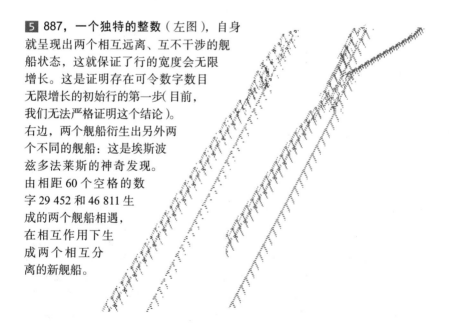

用 SoupAutomat 来计算

另一个更加可控的方法，旨在不停地重复 28 202 020 209 生成无穷向右延伸的一行数字。这个无穷舰船(确实是无穷的)构成某种规则空间，信息在其中可以向右传递。为此，我们在这个规则空间之前放置一个普通图案（例如一个数字 0 或者一个舰船状态），此后采用可控且延迟的方式，像之前一样，无穷舰船被一个快速向右移动的无序波毁灭。若在与无穷舰船 13 格距离的地方放一个数字 0，毁灭波就是规则的，并且生成一个周期毁灭图案，以每 77 代移动 99 格的速度精确前进，最终瓦解舰船（参见"向右移动"）。这种舰船会在身后留下痕迹，在生命游戏中被称作"汽船"。

一行数字和点的组合可能构成一个瀑布级联的开端，因此，我们可以关注一下"日.月.年"的日期表达形式。能够产生舰船状态的日期，可能是个尤为重要的日子。

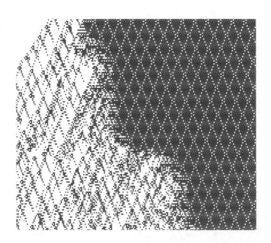

6 **向右移动**。到目前为止，我们没有发现任何向右移动的舰船，但这却不妨碍将信息向右传递。一种向右传递信息的可控方法就是放置一个向右的无穷舰船来生成规则的基体，并用一个整数（这里取 0 ）与之相互作用。整数和规则基体相遇，便会在规则基体内部产生一个波。我们可以通过调节整数和规则基体之间的距离来控制相遇的瞬间。这个波在某种情况下就会规则移动。在给出的这个例子中，毁灭波以每 99 代移动 77 格的速度十分精确地向右移动，由此构成一个向右移动的准舰船。

在 2001 年，我们找到三个日期：20.05.01、13.06.01 和 11.08.01。
11.09.01 不在其列，仅仅呈现普通的混乱无序瀑布。如果有算命大师梦
想采用现代化手段破解时间密码，成为当代大预言家诺查丹玛斯，他可
能要失望了……除非他肯学着识破大多数日期生成的混乱状态，并从中
得出预言。也许从 SoupAutomat 真的能产生一门类似占星术的神秘
学问？

我们知道生命游戏（二维细胞自动机）具有普适的计算能力：我们
可以通过设计恰当的初始状态进行编程，以实现各种计算。我们也知道，
某些一维自动机也拥有同样的普适计算能力。2001 年，马修·库克针
对只包含 0 和 1 两种细胞（SoupAutomat 则包含 11 种）的自动机 110 提
出了一种证明方法。一个格子在第 n 代的变化仅取决于其自身及两个相
邻格子在第 n–1 代的各自状态。

一个在第 n–1 代包含 0 且被围在两个 0 之间的格子，在第 n 代包含
0，记作 $000 \rightarrow 0$。该自动机的全部规则由下表给出：

000 001 010 011 100 101 110 111

  0   1   1   1   0   1   1   0

库克的证明用到了舰船以及舰船之间的相互作用。SoupAutomat 似
乎展现了同样丰富的情况，那么 SoupAutomat 可能也具有普适的计算能
力。在得出该结论之前，必须首先更进一步详细了解舰船之间的所有相
互作用。

萌芽游戏

　　拿一支铅笔和一张纸就可以玩萌芽游戏，但如果想赢，你最好是数学家或者编程爱好者。西蒙·维耶诺和朱利安·勒莫瓦纳创立的最新人机交互技术超越了约翰·康威之前的分析结果。

　　拓扑学是一门曲线与空间的科学，这些术语随着数学家赋予的抽象概念不断延伸出新的意义。拓扑学虽是一门大学研究课程，但丰富多样的拓扑形状及其难以掌握的多变性也衍生出不少有趣的游戏。

　　萌芽游戏（Sprouts game）就属于这一类。在游戏中，双方能画出形如无序生长的植物图样，游戏也因此得名。时任剑桥教授的约翰·康威和理论计算机科学学生迈克尔·帕特森在 1967 年——准确地说是在当年 2 月 21 日下午发明了这个游戏。康威还指出，帕特森和他本人在游戏发明中的贡献比例分别是 3/5 和 2/5。

　　早在马丁·加德纳于 1967 年 7 月的《科学美国人》专栏中介绍这个游戏之前，萌芽游戏就已如杂草一般蔓延至许多数学院系，打断了师生们的本职工作。今天，我们仍然在研究这个游戏：远不像其他简单数学游戏那样容易枯竭，它所蕴含的奥秘依旧让人难以捉摸。

　　在 1972 年 Avon 出版社出版的皮尔斯·安东尼的小说《宏观》（*Macroscope*）中，这个游戏扮演了重要角色。一家名为"世界萌芽游戏协会"（World Game of Sprouts Association）的玩家协会定期组织竞赛，并试图汇集游戏的相关信息。我们还可以找到不需要用纸就能玩的程序，例如：http://www.math.utah.edu/~pa/Sprouts。

　　游戏的规则很容易解释，十岁大的孩子就会玩，而且能玩得相当出色。然而，就像我们在下文看到的，对萌芽游戏的数学研究却进展缓慢。

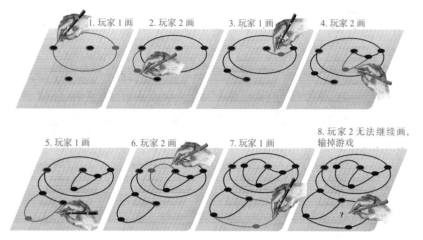

1 **规则及示例。** 萌芽游戏是复杂游戏中最简单的一种。游戏开始时，我们在纸上放 n 个点，本例中取 3 个点。玩家 1 和 2 轮流画一条新的弧线，并在新加的弧线上增加一个点（1、2、3、4、5、6、7）。新的弧线必须将纸上已有的两个点相连，且既不能与之前的弧线相交，也不能与自身相交。一个点不能作为超过三条弧线的端点。无法继续下去的玩家就算输掉游戏，这里输的就是玩家 2。

不过，近年终于有了一些突破，尤其要归功于两位勤奋努力，而又颇具才华的法国人。

游戏的规则及进展

游戏开始时我们在纸上放 n 个点，两位玩家轮流画一条新弧线，连接两个符合规则的点，并在新加的弧线上增加一个点，如图 1 示例的一局游戏。另外，一个点上的弧线不能超过三条，弧线之间也不能相交。

一局游戏不能无限延续，下面的推理指出，以 n 个点开始的一局游戏必然在 $3n$ 步之内结束。由于每个点最多只能是三条弧线的端点，开始时弧线的端点有 $3n$ 个可能位置。在游戏的每一步，玩家会用掉两个弧线端点的可能位置，又增加一个新的（新增的那个点已经是两条弧线的端点）。因此，每位玩家一步用掉一个空闲位置。$3n$ 步之后，肯定没有任何空闲位置能作为弧线端点，游戏终止。其实，3n–1 步之后就已经是这样了，因为每一步都需要有两个空闲位置。

一局游戏最多持续 3n–1 步，但其实往往更少，因为某些点是两条相互隔绝的弧线的端点，因而不可用：要想将其连接，至少要截断一条弧线。在图 1 的例子里，由三个点开始的一局游戏持续了 7 步。我们也可以证明，一局游戏无法在 2n 步之内完成（参见"游戏的有关信息"）。约翰·康威和苏格兰数学家丹尼斯·莫里森发现恰好持续 2n 步的最小局具有一条独特的性质：仅仅由 5 种形状组成（参见"短局"）。大家给这些形状取了节肢动物名称：虱子、甲虫、蟑螂、球蝗和蝎子。

这个游戏属于具有完备信息且不含随机性影响的一类游戏。玩家每时每刻都掌握游戏状态的所有信息，游戏状态的进展趋势取决于游戏的每一步，而并非取决于随机结果。西洋跳棋、国际象棋和围棋都属于这类游戏。该类游戏有三种可能的情况：

(a) 有一种完美的策略确保率先开始的玩家每次都能取胜，无论对方每一步怎么抉择；

(b) 有一种完美的策略确保第二位玩家取胜；

(c) 每位玩家各有一种策略，总是得出平局。

萌芽游戏永远也不会出现平局，玩得好的一方注定会取胜。初始给出的点数 n 是决定哪位玩家取胜的关键。于是，问题在于根据不同 n 值，要弄清到底谁能取胜，而且，应该采用怎样的游戏策略。

从一个点出发（n=1），最先开始的玩家 1 肯定会输。其实，他只有一个可能，就是以初始点开始画一个圈再回到出发点。这就使得第二位玩家可以将初始点和第一位玩家添加的点相连，而玩家 1 无法继续，输掉这局。

从两个点出发（n=2），游戏的分析就复杂起来，但我们仍可以列出所有图形状态。若对手恰当地走好每一步，先开始的玩家总是要输的。

很快，完整的游戏分析就要用到极其微妙的推理（参见"游戏的有关信息"中对游戏方法的一些详细阐述），尤其是，一旦需要研究大量的图形状态，玩家构造图形的拓扑复杂性就会变得很难掌握，萌芽游戏的难度也会远胜其他游戏。

2. 游戏的有关信息

从n个点开始游戏时，我们已知一局可以持续小于或等于$3n-1$步。若这个由步数表示的持续长度为奇数，第一位玩家取胜，反之则第二位取胜。谁能掌控一局的长度，谁就玩得好。以下分析会帮你来把握这个长度。

在一个游戏状态下，点可以分为若干种类别：首先，是可以作为三条新弧线端点的完全自由点，能为游戏提供三个自由度；其次，是提供两个自由度的点；再次，是提供一个自由度的点；最后，是那些无法提供自由度的点，即已经是三条弧线端点的"死点"。

游戏结束时，将不再有任何两个或三个自由度的点，因为从一个有两个或三个自由度的点至少还能画一条回到出发点的圈。

有一个自由度的点又分为两种：第一种点的自由度依然可以被利用，画出一条连接到另一个至少有一个自由度的点的弧线；第二种则是孤立的点，就像图中的点e和j，由于它们的所在区域不可能再变化，其自由度无法被利用。这些具有一个自由度的红色点白白将自由度浪费，从而将一局游戏的长度减少一步。若游戏中的某一时刻有r个红点，这一局将最多持续$3n-r$步。

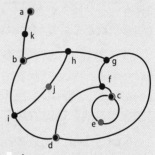

$n=4$

已走 7 步：初始的 a、b、c 和 d（有红圈的点），然后依次是 e、f、g、h、i、j、k。

在红点周围不远的区域，必然有两个相连的死点与其相邻（点i和h就与j直接相邻），或者位于连接该红点所在圈的弧线上（点c和f就是与e相关的两个相邻死点）。与一个红点相连的死点不能同时与另一个红点相连，否则这两个红点就可以由一条弧线相连。

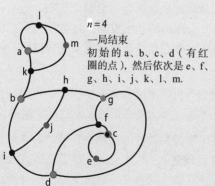

$n=4$

一局结束

初始的 a、b、c、d（有红圈的点），然后依次是 e、f、g、h、i、j、k、l、m.

从n个点开始，经过m步结束的一局游戏，其最终图形包含r个红点且$r=3n-m$（自由度在一开始为$3n$个，每走一步减少一个，最终等于红点数目）。我们已经看到，每一个红点与两个死点相关，且这两个死点为其独有。最终图形中的其他死点称作蓝点。由于总共有$n+m$个点，有r个红点及与每个红点相关的两个死点，蓝点的数目$b=n+m-(r+2r)=n+m-3(3n-m)=4m-8n$。

130　第三章　几何与算术的桥梁

因此，在一局结束时，便有$m=2n+b/4$（康威发现的公式）。从该公式可以推导出：一方面，b是4的倍数（在局末的图中，$b=4$）；另一方面，一局结束的步数m最少是$2n$。

根据该公式还可以推导出：若在一局之中已知有b个蓝点，则一局长度将最少是$2n+b/4$。该信息有助于在某种程度上控制一局的长度。另一个信息就是红点的数目，因为一局长度不大于$3n-r$步。在游戏中的每一刻，我们便能对可能的长度有所限定。

最后还有一点可以掌控一局的长度。若在游戏的某一刻，玩家画出的曲线所限定的区域内包含一个不在边界上且拥有一个自由度的点，则该区域在局末仍将包含一个拥有一个自由度的点，即一个红点。其实在包含至少一个自由度的区域内部，始终无法用掉所有的自由度，因为每一步消耗一个自由度后，都会再带来一个新的自由度。

在我们的例子中，当e、f、g、h、i、f、j、k步走完之后，外部区域包含一个拥有一个自由度的点（点k），边界区域bhgfdi也包含一个，即j，区域dfg包含第三个，即e。该局就持续最多$3n-3$步。

3. 短局

n个点的萌芽游戏最久持续$3n-1$步，且最快$2n$步结束。仅仅持续$2n$步的一局的最终状态图像由五种固定图案组成，无论n是多少。这些图案可以像例子中那样嵌套或内外翻转。

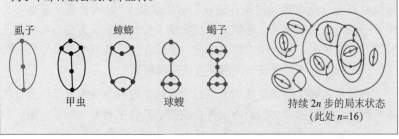

虱子　　　　蟑螂　　　　蝎子

甲虫　　　　球螋

持续$2n$步的局末状态
（此处$n=16$）

当加德纳在1967年发表文章时，仅有的已知解答情况是$n=1$、2、3、4、5和6。莫里森解答了4和5的情况。他又和康威打赌，在一个月内以49页的证明解答了$n=6$的情况，并赢得10先令的赌注！结果表明：$n=1$、2或6的情况，第二位玩家获胜；而$n=3$、4或5的情况，第一位玩家获胜。加德纳和康威认为，$n=7$的情况需要用计算机来处理，而最强大的计算机也无法解答$n=8$的情况。

由计算机程序引导的最新惊人结果

一开始，没有人尝试对这个复杂游戏进行编程——游戏具有形变的拓扑性质，萌芽很难按照计算机程序要求的那样适用于符号表示。如何表示游戏状态，是个极具挑战性的难题。经过了 24 年的等待，美国匹兹堡卡内基梅隆大学的大卫·阿伯盖特、盖伊·雅各布森和丹尼尔·斯利特于 1991 年提出了一种改进的标记系统。这种标记方法借助字符编码，可以用统一的形式表示众多不同的游戏状态，但从游戏角度看，这些状态其实是等价的。这种有效的表示方法限制了组合的激增，同时，他们采用特殊的编程技术对最优策略进行树状搜索，最终能一直处理到 $n=11$ 的情况。在 $n=7$ 和 8 的情况下，都是第二位玩家取胜。在 $n=9$、10 和 11 的情况下，先开始的玩家取胜。研究人员在仔细观察这些结果后得出了一个简单的猜想。

<u>萌芽游戏猜想</u>：在初始有 n 个点的萌芽游戏中，若 n 除以 6 的余数是 0、1、2，第二位玩家获胜；若余数是 3、4、5，则第一位玩家获胜。换一个说法，如果依次列举 $n=1, 2, 3, 4\cdots$ 的情况，获胜的玩家分别是 2、2、1、1、1、2、2、2、1、1、1、2、2、2、1、1、1……

在 2001 年，威尼斯大学的里卡尔多·佛卡迪和的利雅斯特大学的弗拉米尼亚·路奇奥通过研究游戏的数学性质（"游戏的有关信息"介绍了一些）人工解答了（不借助于计算机）曾被康威认为是不可能人工解答的 $n=7$ 情况。用人工方法完成进一步研究似乎是不可想象的，但是，我们将看到人们如何通过一种间接方法实现目标。

最新的进展来自两位法国人，日本北陆先端科学技术大学院大学的助教西蒙·维耶诺和法国康塔尔省在职数学教师朱利安·勒莫瓦纳。他们细致而卓越的工作成果打破了包括人工研究在内的所有纪录。

二人首先对游戏状态的标记系统予以完善，仔细地编程检索"输"状态（即面对完美对手时必输的状态）并存储至计算机系统。存储"赢"状态（即确保每次都能获胜的状态）会占用过多的空间。赢状态比输状态多，是由于其各自定义中已经存在了不对称性：

(a) 根据游戏规则，无法再增加任何新弧线的状态是输状态；

　　小甘蓝游戏的规则和萌芽游戏相同，除了在起始时，用可以连接4条弧线的十字代替了点，且在每条新添加的弧线上画一条短线（而不是点），因此，每一步增加了两个弧线端点，扩大了自由度。

　　这个游戏看起来同萌芽游戏类似，也许更难一点，不过也是一个数学趣味游戏。从n个十字开始，游戏一定持续$5n-2$步。若n为奇数，先开始的玩家取胜，哪怕每一步都随便乱画。若n为偶数，第二位玩家不用动脑子也可以取胜（参见下面一局如何开展）。

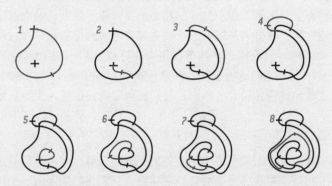

　　下面是证明游戏持续$5n-2$步的推理。

　　（1）一开始有$4n$个自由度且每一步消耗两个并新增两个，因此，自由度的数目一直都是$4n$。

　　除了最多有$n-1$步例外，每一步都会在图中生成一个新的区域（开始时只有一个区域）。m步之后，且不产生新区域的$n-1$种可能性被用尽时，恰好有$m-n+2$个区域。

　　（2）无论怎样做，每一个区域至少包含一个自由度。只要一个区域内有两个或两个以上的自由度，就可以在该区域继续游戏。当只有一个自由度的时候，无法在该区域继续，这便白白消耗了一个自由度。

　　（3）m步之后，且不产生新区域的$n-1$种可能性被用尽时，区域的数目就恰好是$m-n+2$。自由度数目一直是$4n$。

　　（4）只要$4n$大于$m-n+2$就可以继续游戏，因为这时同一个区域内至少有两个自由度。相反，$m-n+2$每步增加一，只要达到与$4n$相等，每个区域包含最少一个自由度且正好包含一个（由于仅有一个而无法被利用），则一局结束。一局游戏准确地持续到$m-n+2=4n$的时候结束，即准确地到$m=5n-2$时，并且再也不会有下一步。

(b) 若从某个状态开始，至少有一种走法能得出一个输状态，该状态就是赢状态；

(c) 若从某个状态开始，任何走法都会造成对方的赢状态，该状态就是输状态。

从以 (a) 点判定为输的无解状态开始，回溯游戏的树状分支，便可以依据 (b) 和 (c) 两点逐步判定所有的状态是赢还是输。

勒莫瓦纳和维耶诺之所以能够成功，关键在于他们引入一种办法，将某些状态分解为若干简单独立的状态，从而逐个处理。他们希望采用新的标记方法以及分解法能够逐步确定越来越多的输状态，通过存储记录，进而超越阿伯盖特、雅各布森和斯利特在 1991 年提出程序所得的结果。实际上，他们通过这种方法已经成功处理了 $n=12$ 和 13 的情况，结果与之前的猜想相符合。然而，他们的程序此后便陷入无用且笨拙的计算，$n=13$ 仍然是个无法超越的极限。为了继续下去，他们借助了一个简单的想法：应该对程序进行指导。

为了确定某个游戏状态本质上到底是输还是赢，并不需要掌握从该状态得出的整个树状分支上的每一种状态。只需找到能得出一个输状态的一种走法，就能由此判定一个赢状态，这也就免除了对游戏其他可能性的判定。因此，掌握一小部分状态就足够了。于是，判定一个赢状态的困难在于哪一种走法能得出输状态。经验以及对游戏的领会能起到帮助作用。我们也注意到，这和西洋跳棋的情况相同。

于是，勒莫瓦纳和维耶诺便开发了一个计算机界面来精准、实时地跟踪程序所进行的试验，并对程序的抉择进行指导，例如让它放弃解答一种状态，而将计算能力专注在另一个被认为更加有意义的状态上。这一如同人机共生的结合奇迹般地解答了一直到 $n=44$ 的所有情况，还有 $n=46$、47 和 53 这些离散情况。进展如此可观，完全出人意料，已经远远超越了加德纳和康威认为不可企及的 $n=8$！

勒莫瓦纳和维耶诺仍然希望他们的系统能够自己判断得出人类给予的指导建议。尽管经过多次尝试，程序还是无法自动选择应该放弃哪些分支或研究哪些分支。看起来，人类智慧在此处提供建议时，运用了多样而微妙的想法，这些想法来自以往经验和策略性思考，很难通过程序实现。这是一个人工智能问题，虽然目前还不可行，但并不能说明今后也无法实现这样的自动化方法。

两位法国人指出,引导程序来检索最优走法是一件十分有趣的事情,而且令人上瘾。这一程序如今可在网上随意获取。两位编程者提醒用户,使用其交互系统可能对社交生活构成影响,需要当心。

这些结果是对程序进行好几个小时的"引导"才获得的。现在,限制更进一步发展的瓶颈不是机器解决特殊问题所用的时间过长,而是人类用来引导程序从而实现更进一步的时间过长。

勒莫瓦纳和维耶诺小组的成功不止于此。即便受人类指导,计算机证明的结论仍存有疑问:其中不会有错误吧?如何最终验证所得结果?二位英雄用了许多种方法来回答这些问题。首先,他们开发了一个模块,对计算机在指导下的遍历过程中得出的所有输状态进行验证。在论证中寻找捷径,即寻找能够得出相同整体结果,但更小的输状态集合,是一种"后验"的结果验证方法,可以提高可靠性。这一优化方法不禁令人称叹,只需要知道499个输状态就可以证明 $n=17$ 的输赢情况,而1991年匹兹堡小组的程序在判断 $n=11$ 的情况时则需要116 299个状态。

能否摆脱计算机?

一些数学家不愿妥协,认为计算机获得的结果不可能和经过人验证的结果同样可靠。于是,勒莫瓦纳和维耶诺也提出以示意图对判断一个状态是输是赢的证明加以总结。二人从自编程序的某些模块中仔细生成这些示意图,并在可读性上进行优化。示意图往往尺寸较小,以便人工验证其细节。他们的研究作为一种额外的检控方法,确保其程序不出错误。显然,人工无法验证上千种状态,但勒莫瓦纳和维耶诺设法验证了 $n=9$ 的情况,打破了佛卡迪和路奇奥在2004年创造的不采用计算机验证 $n=7$ 结论的纪录。在萌芽游戏中,$n=9$ 时先开始的玩家取胜——这一定理不用计算机也得到了验证,计算机只是一个中间工具,不参与进一步验证最终结果的准确性。只要能找到一位有足够耐心、又有勇气的数学家,$n=17$ 的情况或许也可以人工验证!

n	玩家/输赢 玩家1	状态数目	n	玩家/输赢 玩家1	状态数目	n	玩家/输赢 玩家1	状态数目
2	输	3	20	输	1831	38	输	80281
3	赢	6	21	赢	5312	39	赢	98905
4	赢	15	22	赢	1581	40	赢	45782
5	赢	15	23	赢	1058	41	赢	42663
6	输	43	24	输	5327	42	输	98947
7	输	65	25	输	2497	43	输	98961
8	输	137	26	输	4458	44	输	99095
9	赢	58	27	赢	12768	45	?	
10	赢	110	28	赢	2549	46	赢	80473
11	赢	113	29	赢	2172	47	赢	54542
12	输	316	30	输	12800	48	?	
13	输	369	31	输	5463	49	?	
14	输	1017	32	输	58204	50	?	
15	赢	1986	33	赢	62389	51	?	
16	赢	669	34	赢	21107	52	?	
17	赢	329	35	赢	4265	53	赢	73225
18	输	1997	36	输	80001			
19	输	1736	37	输	80009			

5 **维耶诺和勒莫瓦纳的结论**：我们给出了证明结论需要存储的状态数目。这些结论通过使用出色的人工指导计算机方法计算得出，超越了以往获得的所有结论。该表的更新可以在 http://sprouts.tuxfamily.org/wiki/doku.php?id=records 找到。

有趣的是，即便是最严苛的数学家——只接受可人工验证的证明方法——也不得不承认计算机在这个游戏中的作用。人工验证 $n=9$ 的证明方法是借助计算机写出的：没有计算机给出的示意图，任何可人工验证的论证都无法实现。

1996 年曾发生过类似情况，计算机程序证明了罗宾斯猜想，并且给出了可人工验证的简短论证方法。即便是不希望计算机在数学研究上起任何作用的人也不得不承认：如今唯有计算机能够写出 $n=9$ 足够简短、整齐且不用计算机再来验证的证明——还是要求助于计算机，才能绕过计算机！

当然，勒莫瓦纳和维耶诺的程序开发的"输"状态数据库若是应用在某个游戏程序上，就会生成人类不可战胜的自动玩家。在人类和机器都参加的萌芽游戏竞赛中，终极世界冠军应该是一个计算机程序……同国际象棋、西洋跳棋和众多其他棋盘游戏的情况一样。

法国人编制的程序带来突破，也令该游戏的一般性研究收益颇深。借助于依靠程序获得的经验，勒莫瓦纳和维耶诺提出了比卡内基梅隆大学团队的猜想更加一般化的新猜想：在一个状态的同一区域添加 6 个点，该状态赢或者输的属性不变。

严格意义上，这个猜想已经被证明是错误的，我们已找到不少反例。但研究指出，它在大于百分之九十的情况下都是对的。这条近似真理（也许能修正成为严格的真理）指出：不能太过相信卡内基梅隆团队的猜想。其实到目前为止，这个旧猜想原本已经可以被验证，因为它应该和新猜想一样（旧猜想其实只是新猜想的一种特殊形式）：通常看来是对的，但绝对地说是错的，稀少的反例还未被发现。当 n 趋于无穷时会发生什么，这依然是个谜，而且随着最新结果的出现，谜底越发模糊！

"输者取胜"

萌芽游戏也适用于"输者取胜"规则，即无法再画出新弧线的玩家取胜。此项研究更加复杂，因为游戏不太适用于将状态分解为子状态的研究方法。人们提出了很多猜想，其中不乏错误。唯一确定的事实是对于 $n=1, 2, \cdots$ 一直到 20，获胜方分别是玩家 1、2、2、2、1、1、2、2、2、1、1、1、2、2、2、1、1、1、2、2[1]。

另一个游戏和萌芽游戏颇为相似，也很值得一提，这是一个不太容易发现的数学趣味游戏，名字是小甘蓝游戏（Brussel Sprouts）。从 n 个十字开始（而不是 n 个点），每位玩家轮流画出一条新弧线，并画一条与弧线相交的短线，而不是点（参见"小甘蓝游戏"）。短线在玩家画出的弧线上增加了两个新端点，而不像画点，仅能增加一个端点。对该游戏的完整分析指出，从初始的 n 个十字开始，每一局都固定地持续 $5n-2$ 步（该结论对任意可定向曲面成立，针对不可定向曲面的类似结论在 2007 年被发现）。若 n 为奇数，先开始的玩家取胜，若 n 为偶数则第二位玩家取胜。如果你已经受够了在萌芽游戏中输给六岁的小朋友，就和他玩一局小甘蓝游戏吧，不过，千万别在确定谁该先走的时候算错奇偶数。

注 1　本结论已经更新，请登陆图 5 给出的网址参考最新结果。——译者注

视觉密码学

人眼几乎可以和计算机一样，瞬间就能从灰色图像中提取出其中暗藏的信息。

> 一位正人君子应最起码具备的品质是保守秘密。
> 而最伟大的品质则是将秘密遗忘。
>
> ——阿尔－穆哈拉卜（672–720）

现代密码学提出了不同寻常的崭新方法来隐藏信息，然后再通过一番计算将其重构。计算机在其中起到了核心作用：通常情况下，对隐藏信息的加密和解密都无法绕过计算机。

不过，还有一类解密过程并不一定要用到计算机。人眼，依靠大脑视觉系统的计算能力就可以进行计算，从随机数据中提取清晰信息，并展示出惊人的效率。

"视觉密码学"是密码学中独特的领域，这类由莫尼·纳奥尔和阿迪·沙米尔（Shamir，RSA 加密系统命名中 S 的由来）于 1994 年开创的方法，至今仍在不断发展和完善。

最基本的视觉加密方法是基于"一次性掩模"原理。我们采用一个随机选取像素的黑白图像 M（掩模）和具有同样尺寸、表示秘密信息的黑白图像 S。我们想要隐藏图像 S，并将其递送给联络人，S 可以是一幅画、一张照片或者一段文字，关键是，它要和 M 尺寸完全一样且只包含黑白像素。

混合掩模与秘密信息

借助于画图软件或计算机程序对 M 的像素和 S 的像素做"异或"逻辑运算（计算机科学中记作 XOR），得出一幅加密图像 C。明白地讲，就是对于每个像素位置，若 M 和 S 的相应像素相同，就在 C 的相应位置上画上白色像素，否则就画上黑色像素。因此，加密信息 C 来自掩模 M 和秘密信息 S 之间的异或运算，即 C = M XOR S。

有了 M 和 C 的图像，若将它们印在透明纸上，就能看到 M 和 C 重叠后会显现出 S。如果有计算机，便可以通过对 M 和 C 进行异或运算来更好地看到图像 S（参见"一次性掩模加密法"）。

1. 一次性掩模加密法

随机选取掩模M(a)的黑白像素。秘密图像是S(b)。和M尺寸相同的加密图像C通过对M和S用程序进行"异或"运算（记作XOR）：若S和M的相应像素都是白或者都是黑，C的相应像素为白，否则为黑。加密图像C和M一样看起来是随机的。

分别印有M和C的两张透明纸相互叠加就会显现出沉浸在"灰色"中的秘密图像S(d)。人眼就能提取秘密信息。这样的叠加（M OR C）对应着两幅图像之间的逻辑或运算。若有M和S的电子版本，就可以对M和C进行异或（XOR）运算，完整地得出秘密图像S(e)。想获取这些图像电子文件的读者可以在http://www.lifl.fr/~delahaye/PLS416找到它们。

掩模：M

秘密图像：S

加密图像：C = M XOR S

可辨识图像：M OR C

秘密图像：M XOR C

现在，我们就来看看如何用这种方法，以绝对安全的方式传递秘密信息，并将其发送给没有计算机的人。

阿兰想要给贝雅特丽斯发送密信。他们相见一次并确定了一系列随机图像，掩模 M_1, M_2, $\cdots$, M_n，两人各自保留一份，再无他人知晓。他们也可以通过网络约定并传递掩模：阿兰生成掩模并发送给贝雅特丽斯。不过若是通过网络，就要确保传送掩模图像 M_1, M_2, $\cdots$, M_n 的时候不被别人发现。通过使用受保护的信道或使用类似 RSA 的加密方法，可以保证远程共享万无一失。

阿兰可不打算动手一个像素、个像素地画出加密图像 C！于是，他将掩模储存成计算机文件的形式，并用计算机生成加密图像 C。贝雅特丽斯只需要用眼睛看就能将图像解密。一旦完成了掩模的共享，阿兰和贝雅特丽斯就可以安全地通过邮局或者密使来传递秘密，即便后者不怎么可靠。

一次性掩模

当阿兰想给贝雅特丽斯发一张秘密图像 S 时，他在所有的掩模 Mi 中选择一个，用计算机得出图像 C = M_i XOR S，将其寄出或者以印在透明纸上的形式送给贝雅特丽斯，并告诉她所用的掩模号码为 i。号码 i 可以毫无风险地写在透明纸上，因为没有掩模 M_1, M_2, $\cdots$, M_n 的人即便得到 i 这个信息也无济于事，无论如何也得不出比透明图像 C 中更多的信息。阿兰也可以通过网络将加密图像 C 发给贝雅特丽斯并请她收到电子文件后将 C 打印在透明纸上。

贝雅特丽斯只要将收到的透明图像 C 和她手里的掩模 M_i 的透明图像重叠，就可以看到秘密图像。之后阿兰和贝雅特丽斯要将 M_i 丢弃，不能再次使用。

为了抵挡间谍的攻击，掩模图像 M_1, M_2, $\cdots$, M_n 应尽可能随机，这点十分重要：应该通过较好的随机序列生成方法来产生掩模，而且，尤其不能用有意义的图像来做掩模。另外，绝对不能重复使用同一个掩模 M_i：要是这么做，就不能保证任何保密性（参见"永远不要重复使用同一个掩模"）。

↘ 2. 永远不要重复使用同一个掩模

若采用一次性掩模加密法生成透明的加密图像，就绝对不能重复使用同一个掩模。请看论证。

这里使用与图1相同的图像形式和相同的掩模M，通过与掩模M进行异或运算生成一个隐藏了SECRET一词的图像；S' = SECRET(a)，C' = M XOR S' (b)。若间谍获取了两个秘密信息（拿破仑头像和SECRET一词），并将C和C'两张透明图像重叠，就可以看到图像C OR C' (c)。若间谍（借助于计算机）对两幅加密图像进行异或运算(d)，即C XOR C'，就能得到更加干净的结果：C XOR C' = (M XOR S) XOR (M XOR S') = S XOR 0 XOR S' = S XOR S'。

所以，同一个随机掩模只用一次是一种无懈可击的方法，但同一个掩模用两次就是极其愚蠢的行为。

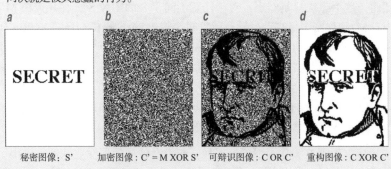

秘密图像：S'	加密图像：C' = M XOR S'	可辨识图像：C OR C'	重构图像：C XOR C'
a	b	c	d

只要遵守这两条安全指令，这种方法就是可靠的。这样的加密系统等价于克劳德·香农已经在1949年证明的无懈可击的"一次性密码本"（也叫作 one-time pad 或 Vernam 编码）。

将 M_i 和 C 两张透明图像重叠的确能够显现出图像 S，但是，由于人眼瞬间进行的"或"运算[1]在初始秘密图像上留下了代替白色的噪点，图像因噪点干扰，质量也受到了影响。如果贝雅特丽斯能够用计算机破解，而不是眼睛直接看，就可以获得完美的解密。其实，我们知道对于任意消息 A，有 A XOR A = 0 和 0 XOR A = A（你可以用白色和黑色的取值来验证，白色为 0，黑色为 1）；贝雅特丽斯对 M_i 和 C 进行异或运算就能重新得到 S，因为：

$$M_i \text{ XOR } C = M_i \text{ XOR } (M_i \text{ XOR } S) = (M_i \text{ XOR } M_i) \text{ XOR } S = 0 \text{ XOR } S = S。$$

注1　下文记作 OR。——译者注

当然，我们要重申：一旦生成了掩模 M_i 和加密图像 C，两者任何一个都不单独具有秘密图像 S 的丝毫信息。对于 M_i 很显然，因为生成它的时候甚至还不知道将要被加密的图像 S 是什么。现在来推理证明知道 C 而不知道 M_i 也无法得出 S 的丝毫信息。

一个间谍拥有图像 C，并知道它是通过一次性掩模加密法生成，却不知道掩模是什么样子，他可能会尝试所有掩模。这些掩模理应具有相同的概率被用来从 S 生成 C。

间谍认为，只要系统性地尝试所有掩模，当找出正确的掩模 M_i 时，一幅图像就会从随机的迷雾中浮现，也就说明他找到了正确的掩模 M_i。然而，这个想法只是幻想：对于任意不同于 S 的图像 S'，存在掩模 M'，当对 M' 和加密图像 C 进行异或运算时会得出 S'（即掩模 M'= C XOR S'）。因此，如果系统地尝试所有的可能掩模（另外，掩模数量太多，这也不容易实现），间谍将会遇到错误结果 S'，而 S' 和真正的秘密图像 S 有着相等的概率。无论碰到何种错误结果 S'，结局都一样。若间谍手里只有 C，无论怎样也没有办法能将 S 与其他任何图像 S' 加以区分，也就没有任何办法认出 S 就是暗藏在加密图像 C 中的图像。

这个加密方法其实很容易实现。我没有使用任何专业软件就做出了图 1 中的图像：我只用到了随机网格（借助 Golly 软件），然后用一般的画图软件（比如苹果电脑上的 Graphic Converter）对图像进行操作。

信息的保存

视觉密码学的基本方法存在一个小小的缺陷。在图像 M OR C 中，一半的像素丢失了。因为虽然 S 中的黑色像素还是黑色的，但是一半的白色像素被变成了黑色。若没有计算机进行异或运算，准确恢复每一个像素，图像 M_i OR C 就是我们唯一能看到的效果。若图像 S 有足够多的冗余信息，比如文字的字母写得很大，读取并无大碍。反之，若要给没有计算机的人传送一幅每个像素都很重要的图像，一次性掩模加密法就行不通了。这也许就是纳奥尔和沙米尔在 1994 年提出的新方法与基本方法略有不同的原因。

二人提出的方法描述如下：待加密图像的每一个像素被分成两个"半

像素"，掩模 M_1, M_2, ⋯, M_n 也一样。为了对半像素进行操作，我们将图像的尺寸翻倍，使每一组四个像素可以被视作一个像素，由此可一分为二（甚至一分为四，对其他加密方法也是有用的）。

这次，图像 M_1, M_2, ⋯, M_n 由半像素的随机网格构成：M_i 的每一个像素都根据尽可能完美的随机方法抽取出来，其右半像素填充为黑或者左半像素填充为黑，或者相反。

加密图像 C 也由半像素构成。如果秘密图像 S 在 (x, y) 位置上的像素为白色，则 C 在 (x, y) 位置上的半像素与掩模 M_i 的相应半像素相同；反之，则与掩模 M_i 的相应半像素颜色相反。和之前一样，图像 M_i 和图像 C 都是均匀灰色图像，且不包含丝毫有关 S 的信息（参见"无损的一次性掩模加密法"）。

3. 无损的一次性掩模加密法

第一种方法存在一个缺陷：人眼通过重叠掩模M和加密图像C重构的图像（对应"或运算"而非"异或运算"）无法恢复所有的白色像素，而将其一半转化为黑色像素。将每个像素一分为二（分为左右两个半像素），就可以避免因采用"或运算"而非"异或运算"（人眼无法进行异或运算！）而导致的信息损失。

现在，从以一分为二的像素构成的掩模M(a)开始：图像的尺寸已经翻倍，之前的每一个像素现在由包含四个像素的正方形构成。每个"大像素"或者左半边、或者右半边是黑色的，为随机选取的结果（细节见b）。

通过尺寸翻倍的秘密图像S(c)和掩模M之间进行异或运算得出加密图像C(d)，这就是将掩模上对应S上黑色像素的相应像素颜色翻转：

a 掩模：M

b 掩模 M 细节 M

c 秘密图像：S

d 加密图像：C = M XOR S

e 重叠得到的图像：C OR M

f 重构图像：S=C XOR M

> □ 若掩模上的像素右边为黑色，且S上的相应像素为黑色，则C上的相应像素左边为黑色（翻转）；
> □ 若秘密图像S上的像素为白色，则加密图像C上的相应像素与掩模相同。
>
> 秘密图像的重构方法不变：将图像M和C重叠（即M OR C），我们得到一幅图像，在S中是黑色的像素仍为黑色，在S中是白色的像素则被一半是黑色的像素代替（黑色半像素随机出现在左右两边）。没有任何信息丢失。和之前一样，通过进行M和C之间的异或运算（需要使用计算机而不仅仅是两张透明纸），可以准确地以原始对比度重构秘密图像S。

将C和M_i重叠，S中黑色像素的地方就会有一个黑色像素，S中白色像素的地方就会有一个黑色半像素和一个白色半像素（因为此时C和M_i选定相同的相应像素）。

这一次，人眼观察到的重叠图像就还原了S的所有像素。原先是白色像素地方的半像素起到了改变对比度的作用（白色变成了灰色）。这一次，图像M_i OR C与秘密图像S的对比度相差无几，既完美重构了秘密，也没有损失任何信息（参见"无损的一次性掩模加密法"）。

不断完善……

把一个像素分成子像素的思路也实现了另一些神奇的方法，下面就是两个例子：

⊙ 将一幅图像分解成 m 个

对所有给定正整数 k 和 m，可以定义一个透明图像构造系统，例如，秘密图像 S 有 m 个不同的加密图像 $C_1, C_2, \cdots, C_m$，且已知其中小于 k 幅图像都无法得出秘密图像 S，而从已知 $C_1, C_2, \cdots, C_m$ 中抽取任何 k 幅图像，就可以重构图像 S。

换一种说法，一旦 S 的信息被分解成 $C_1, C_2, \cdots, C_m$ 并分给 m 个不同的人，若其中 k 个人达成一致，就可以破解 S，而小于 k 个人就必定一无所获。

"一分为三的像"中通过一个例子介绍了一种方法将秘密图像分成

三个透明图像 C_1、C_2、C_3，三幅图像中的两幅绝对无法得出 S，而三幅的重叠就可以得出 S。

4. 一分为三的像

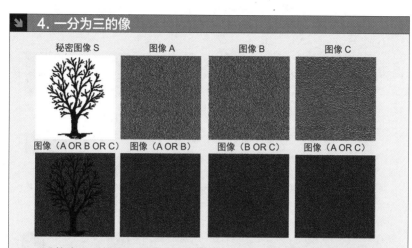

  重构本文所描述的两种方法中图像的信息，需要同时具备掩模和加密图像。图像信息被一分为二。更进一步，我们可以将一幅图像一分为三（或更多），其中单独一幅都与秘密图像S毫不相干，即使拥有三者中的两幅也无法得出S的丝毫信息。不拿到三幅图像就什么也得不到！在《丁丁历险记系列》之《独角兽号的秘密》中，埃尔热如果知道这个方法，他一定会用在三张秘密羊皮纸上（见下图），三张的重叠就会显现出沉船宝藏的位置。

  我们来看看将一幅图像完美地分成三幅的方法。先将每一个像素分成四个子像素。若秘密图像的尺寸是 $n \times m$，我们将生成三幅尺寸为 $2n \times 2m$ 的图像A、B和C，将其重叠将会显现秘密图像S。在白色像素的位置，A、B、C的重叠将显示每组包含一白三黑的 2×2 个子像素，而在黑色像素的位置，重叠将显示全黑的 2×2 个子像素。尽管对比度严重损失，A、B、C的重叠却能将信息完全重构（再通过计算机处理就可以完整地恢复S）。

  图像A（如图）将由从（黑白，黑白）和（白黑，白黑）中随机选取的 2×2 个子像素构成。图像B将由从（白白，黑黑）和（黑黑，白白）中随机选取的 2×2 个子像素构成。图像C将由从（白黑，黑白）和（黑白，白黑）中选取的 2×2 个子像素构成。但是，图像C的子像素却并非随机选取，而是按照如下规则：

□ 若秘密图像S中相应像素为白色，则A、B、C相应像素重叠包含一个白色子像素和三个黑色子像素；

□ 否则，A、B、C相应像素重叠由四个黑色子像素组成。

很容易验证，通过考察A和B的像素的四种可能情况，这样的变换总是可行的。

我们来证明这个方法确实具备所述的特性：仅凭借A、B、C之中的两幅图像不能得出秘密图像S的任何信息。很显然具有A和B无法得出有关秘密图像S的任何信息，因为A和B不需要使用S就已随机生成。

A的像素（黑白，黑白）或（白黑，白黑）

同样，我们来证明具有A和C也无法得到S（具有B和C情况的推理相同）。考虑S中坐标为(x,y)的像素。A和C中的相应像素必然覆盖四个子像素中的三个（通过考察四种可能情况能够验证）。根据B中的相应像素黑色部分在上或是在下，A、B、C的重叠将显示S中的一个白色像素或黑色像素。没有B就意味着没有S上(x,y)坐标处像素的任何信息。这对于S的所有像素都成立，所以只有A和C也绝对无法得到S。

B的像素（白白，黑黑）或（黑黑，白白）

我们于是得出，仅仅将图像A、B、C中的两幅重叠，无法得出任何信息。

C的像素（白黑，黑白）或（黑白，白黑）

5. 掩模的戏法

使用图1、2、3、4中描述的方法很容易引人注意，人们会怀疑"随机形态"的灰色图像暗藏玄机。于是，有人提出一种完善方法：掩模M和加密图像C不再是灰色，而是有意义的图像。将二者重叠，原本的图像就会消失，显现出秘密图像。

这个很容易想象的方法，我们不再介绍其细节。

M

C

M or C

可以看出，在M和C两幅图像中，图画是通过两种灰色来表现的：一种是50%灰色（一半白色像素，一半黑色像素），另一种是75%灰色（1/4白色像素，3/4黑色像素）。而在重构的S图像中也有两种灰色：一种75%灰色和100%由黑色像素组成的灰色，使秘密图像十分明显。

⊙ 无法怀疑的秘密

该方法生成两幅表面上看平淡无奇的图像 U 和 V（例如马和大象）。然而，将 U 和 V 重叠就会使 U 和 V 中原本的图像消失，而出现第三幅图像，即隐藏的秘密图像（参见"掩模的戏法"）。

本章节的所有图像都可以在 http://www.lifl.fr/~delahaye/PLS416 找到。

天使问题

经过了三十年的研究，天使问题终于得到了解答！约翰·康威输掉了挑战，不过最终答案却证实了他的猜想：力量为 2 的天使能够摆脱恶魔。

英国数学家约翰·康威提出的"天使问题"是一个在棋盘上围困移动棋子的游戏。这个谜题属于大卫·西佛曼和理查德·爱普斯坦在 20 世纪 40 年代末发明的一类游戏。让我们来看看问题的陈述。

在无穷大的方格棋盘中，天使占一个格子，像国际象棋中的王那样移动：可向上下左右或对角线方向移动一格。天使试图摆脱恶魔，恶魔每走一步将任意摧毁棋盘上的一个格子（不同于天使所在位置）。恶魔先开始移动，然后天使和恶魔轮流走。恶魔的目标是围堵天使，将其囚禁在 8 个摧毁的格子中间。天使的目标是一直摆脱恶魔。游戏中没有任

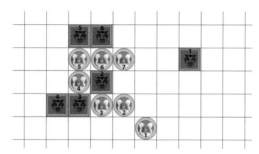

1 （力量为 1）**天使游戏的规则。**天使是无穷大棋盘上的一颗棋子，用蓝色棋子表示。每一步，天使沿水平、竖直或对角线方向移动一格（力量为 n 的天使可最多移动 n 格）。轮到恶魔的时候，可任意摧毁一个格子（红色格子），那么天使自然就无法再前往该格子。恶魔先走，并试图用一道沟围住天使将其困住；若沟没有 n 个格子宽，天使就能从上面跳过去。天使的目的是一直摆脱恶魔的围困。天使和恶魔轮流走。力量为 1 的天使会被玩得好的恶魔困住（参见"力量为 1 的天使会被围住"）。

何随机因素，两位对手各自有办法确保获胜：天使或被围住，或没被围住。两者谁能获胜，又应如何取胜呢？

埃尔温·伯利坎普给出了如下答案：恶魔如果恰当应对，就总能够取胜，成功将天使囚禁在一个被隔绝的格子里。尽管问题陈述起来很简单，你会发现答案并不那么显而易见（参见"力量为 1 的天使会被围住"），

2. 力量为1的天使会被围住

机敏的恶魔总是能把力量为1的天使（即国际象棋中的王）围困在被摧毁的8个格子所隔绝的格子中。恶魔取胜的方法可以保证天使逃不出边长为35个格子的正方形，也就是说，天使永远也到不了边缘格子。

第一阶段：天使在前12步随意移动，而恶魔将摧毁以天使起点为中心、边长为35格的黑色正方形每个顶点上的3个格子，如图所示。在这个阶段，天使最多移动12格，所以必然留在绿色限定的正方形内。

第二阶段：花几分钟时间，利用棋子或简图对情况稍作思考，不难看出恶魔现在可以做到：(1) 若天使在离顶点较远且接近边的地方，恶魔能防止天使越过大正方形的边（此时对恶魔来说，顶点处被摧毁的格子并不是必须的）；(2) 恶魔能防止天使利用顶点（此时，顶点处之前已被摧毁的格子就尤为重要）。

第三阶段：恶魔为了防止天使越过正方形边界，完整地摧毁边长为35格正方形的边：在这个阶段，天使可以沿着恶魔挖的沟前进，却永远无法越过这条沟。一旦恶魔完成目标，天使就被困在边长为33格的正方形内。

第四阶段（未在图中表示）：恶魔逐个摧毁内部的格子，天使最终被围困在8个被摧毁的格子中间。

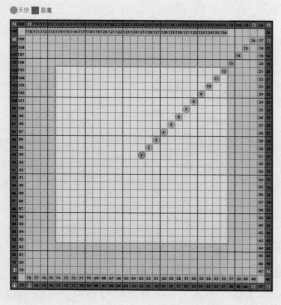

展示了这类追逐问题的魅力所在。现在，不考虑天使每一步只能走一格的情况，我们赋予力量为 n 的天使每步最多可以移动 n 格的能力，就像国际象棋中的王最多能连续走 n 步：从坐标为 (i, j) 的格子，天使可以到达任何坐标为 $(i \pm k, j \pm m)$ 的格子，其中 k 和 m 为 0 到 n 之间的整数，且不考虑起点和终点之间可能出现的障碍——天使如同国际象棋中的马一样"会飞"。

这一次，恶魔想要困住天使，就需要用宽度为 n 的沟来围住对手，这条沟如果不够宽，天使就会按照规则飞过。这就是"力量为 n 的天使问题"。尽管优秀的数学家们不懈努力, 这个疑难问题三十年悬而未决。

作为顶级数学家中的一员，康威证明了不少有关力量为 n 天使的有趣结论，稍后我们将做介绍。他还许诺，颁发 100 美元奖金给找出确保力量为 2（或更大）的天使能一直摆脱恶魔的策略之人，1000 美元给成功证明力量为 n（n 大于等于 2）的天使总能被足够机智的恶魔围堵之人。2006 年，四位研究者几乎同时发现了问题的解。挪威奥斯陆的奥德瓦尔·科鲁斯特和澳大利亚墨尔本的安德拉斯·马特都提出了使力量为 2 的天使摆脱恶魔的策略，而英国南安普顿的布莱恩·伯蒂奇和美国波士顿的彼得·贾克斯则提出了针对更强天使的结论。

因此，无论恶魔怎样做，力量大于等于 2 的天使总是会逃脱。康威将不得不拿出许诺的 100 美元奖金，还要决定这笔钱分给谁、怎么分！但是，康威凭借直觉认为天使逃脱的可能性更大，却不无道理，这让他避免了 1000 美元的损失。

在描述力量为 2 天使的逃脱策略之前，值得去看一看康威提出的出色结论，解释了为什么天使没有任何简单策略。

第一个结论指出：若将每一步至少向上移动一格的天使称为"上升天使"，上升天使即便力量为万亿也会输给机智的恶魔，恶魔有办法万无一失地将其围困。当然, 该结论对下降天使、向左或向右的天使也成立。

恶魔用来围困力量为 2 的上升天使的方法（参见"被困住的上升天使"）可以推广至力量为 n 的上升天使，n 可以是任意整数。这个方法总是有效，但要有足够的耐心。

于是，力量为 2 的上升天使总是可以被围困，但恶魔要花费很多

力量为2的天使（图A）、力量为2的上升天使（图B）和力量为2的懒惰上升天使（图C）各有各的可能移动方式：天使能够抵达任何一个蓝色的格子。

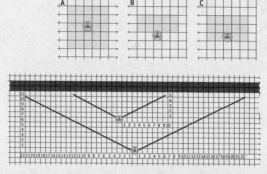

下面，我们来证明力量为2的上升天使怎样被恶魔挖的沟围住。恶魔决定在与天使出发点距离为k的地方开始挖沟。天使每一步上升最少一格，最多两格；于是，当天使到达离沟距离为$k/2$时（图中取k等于12），恶魔将至少挖掉了沟上$k/2$个均匀分布的格子。这样，恶魔就能在总长度$(4k+2)$上挖出一条沟的雏形轮廓（沟本身包含$8k+4$个格子）。

为了简化下面的运算，我们假设恶魔挖一条略长一点儿的沟，长度为$5k$，包含$10k$个格子。于是当天使上升到$k/2$时，恶魔已经挖出了具有均匀密度$1/40$的沟的雏形（恶魔必须挖掉$10k$个格子，并已经挖掉$k/4$，即每40个格子中挖掉了一个）。当距离到了$k/2$时，沟所需的长度已经减少了一半。因为，天使在到达沟之前还要向上移动$k/2$个格子，而在这一过程中，天使能向侧面移动的距离与起始时相比只剩下一半。于是，在下一阶段（当天使离沟的距离从$k/2$缩小到$k/4$个格子），恶魔只需继续开挖沟的有用区域（长度减少一半）。这就是恶魔在天使又上升$k/4$个格子的过程中要做的事情。在第二个阶段里，恶魔在沟的有用区域挖掉密度为$1/40$的格子（虽然时间少了一半，但现在只要建造一半长的沟），故而在天使到达离沟$k/4$个格子远时，有用部分的密度达到$2/40$。

当天使又上升$k/8$个格子，沟的有用部分又一次长度减半，密度达到$3/40$。沟的有用部分密度在天使离沟$k/16$个格子远时达到$4/40$，然后在$k/32$个格子远时达到$5/40$，依次类推，直到天使离沟$k/2^{40}$个格子远时达到$40/40$，即等于1。令k等于2^{40}，当天使到达离沟一格远的时候，恶魔就会在有用长度上挖出完整的沟，这时，沟的有用长度包括5个格子（每侧各有两个）。别忘了，上升天使每步必须至少向上移动一格，于是，天使就被困住了。

时间，在成功之前要有走 2^{40} 步（即大约是一万亿步）的心理准备。对于力量为 1000 的天使，恶魔更要远远地离开天使的出发点开始挖沟了：一方面，因为沟要宽许多（1000 而不是 2），另一方面，因为天使可以更快地向一旁改变路线（1000 格而不是两格）。我们已进入大数范畴！无论怎样，图中所示的推理在数学上是完善的，而且上升天使的力量无论高达千还是百万亿，都会被狡猾的恶魔困住。

懒上升天使及力量为 2 天使的策略

"懒上升天使"在每一步确保不向下移动，但不保证至少向上移动一格，也就是说，天使可以一直向左或向右走。随着进一步探索，康威证明了无论力量如何，"懒上升天使"总会被狡猾又耐心（比之前更有耐心）的恶魔困住。

"k 阶极懒上升天使"不保证不向下移动，但确保在未来不会到达其所在任意位置下方超过 k 个格子远的地方。这样的天使也终究会被更有耐心的恶魔困住。

"逃跑天使"确保每一步都远离初始位置至少一格，也总会被狡猾又耐心的恶魔困住。"懒逃跑天使"和"k 阶极懒逃跑天使"也一样，读者可以猜猜这两位天使是怎么定义的。

这些结论令人惊讶，力量为 2（或更大）的天使似乎很难逃脱恶魔的手掌：即使存在逃脱策略，也不怎么简单。想一直向上是行不通的，一直远离中心也不行：即便力量为万亿，天使也要偶尔被迫折回向下或靠近中心，如果需要，甚至要接受向下或向中心折回超过 1000 个格子；否则，天使就成了 1000 阶极懒上升天使（或 1000 阶极懒逃跑天使），时间长了就会被困住。"力量为 2 的天使总能逃脱"描述的就是科鲁斯特所提出的策略原理。

正如科鲁斯特在 2007 年 2 月的一份邮件中向我们解释的那样，从这个策略中可以演绎出力量为 1 的天使如何在三维情况下应对恶魔的策略。尽管近年来有不少人对三维天使进行研究，这个问题也曾一度久攻不破。而如今，它也和二维情况下力量为 2 的天使问题一样有了答案。科鲁斯特的三维解答旨在将问题转化为先前的问题，通过让天使在多个

4. 力量为2的天使总能逃脱

人们花了三十年才找到力量为2的天使如何摆脱绝顶狡猾的恶魔的策略！所以，我们没能一眼找出方法也就不足为奇了。奥德瓦尔·科鲁斯特在2006年对其中一种策略进行了叙述，并证明了其有效性。下面就是其原理。

一开始，天使确定一个直线向上的线路方案，由蓝色箭头画出。线路左侧的格子涂成橙色，天使计划永远不会经过这些格子。橙色格子的集合会随着天使修改线路方案而增加，因为，天使将试图把恶魔摧毁的格子（红色表示）尽可能多地放进线路方案左边的这个"被绕过"区域。

天使每走一步都会仔细研究是否可以修改线路，以便绕过被恶魔摧毁的红色格子，同时遵循一项规则：仅当可以至少绕过n个被毁的格子时，才将线路方案延长$2n$。一旦有可能，天使就会做出这样的修改。如果有多个可能的修改方案，天使就会选择能够去除最多红色格子的方案（即将红色格子划进橙色的被绕过区域）。若候选方案效果相当，天使将随机选取一种来修改线路。

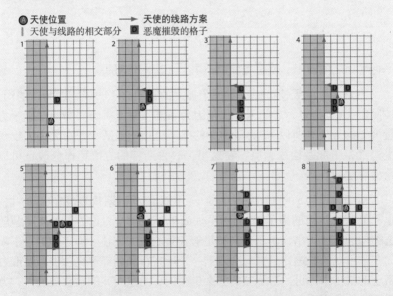

在(1)中，恶魔摧毁一个格子。没有任何线路修改方法能绕过这个格子，并避免将线路加长2个格子以上。于是，天使就不修改线路方案。在(2)中，天使沿着画出的线路直线前进，并停在路线右侧。天使与线路的蓝色相交部分每步移动两格，这时恶魔又摧毁一个格子。这一次，天使可以绕行，将两格红色格子划到被绕过区域内，而只将线路加长4格；既然符合规则，天使接受这个绕行方法，改变线路方案。

天使问题 天使问题　　153

在(3)中，天使前进，恶魔又摧毁一个格子，天使又一次改变线路规划，不用加长线路就绕过了这个格子。在(4)中，天使继续前进，恶魔又摧毁一个格子，而绕行的代价将会太大（加长线路会超过两格）。天使便不修改线路规划。在(5)中，相同的情况再次出现。在(6)中，线路加长两格可将一个红色格子划进被绕过区域，于是天使决定修改线路。(7)和(8)也一样。在(6)和(7)之间，天使留在了同一个格子里（规则允许），但方向转了180度。在整个线路规划中，与天使相交的蓝色线段的确前进了两格。

这个"坚定又谨慎"的策略使天使逃出了恶魔设下的圈套：只要恶魔一试图建造圈套的墙壁，这个格子就被天使划进了绝对会绕过的橙色区域，即使这个格子延迟了天使向上的进程，无限的可用空间保证了天使总能继续其不规则且不断调整的脚步，永远不会被困住。

迂回路线可能会很复杂，天使不得不向上下左右或向中心折回，但线路的更新总是可行的。力量为2的天使将永远不会被包围，因为在被困之前，更新的线路规划就会绕过障碍。一个网站上有一个程序来测试该策略。

平行平面之间游走，使恶魔疲惫不堪，无法困住对手。

力量为 2 的天使可以飞过一个孤立的被毁格子，或宽度为 1 的沟。按照定义，"力量为 2 的王"仅仅因为不能飞越此类障碍物而区别于力量为 2 的天使。所以，"力量为 2 的王"更加不灵活。若在无穷大棋盘上追逐，王能否摆脱恶魔？在这里，科鲁斯特的方法稍作修改也可以给出肯定的答案。

对于力量为 n 的国际象棋中的车（不能走对角线，每步最多移动 n 格，也不能跨过被毁的格子），问题更加简单。一种与力量为 1 天使问题解法类似的方法指出，车总是会被足够狡猾的恶魔困住。但是，力量不限的车则可轻松脱逃，只要每次走到一个所在行和列都不包含被恶魔摧毁格子的格子中即可。对于象的答案也相同：力量为 n 的象会被困住，力量不限的象则不会。

除了马的问题，平面上的无限追逐问题几乎都能解答。马不如力量为 2 的天使灵活：每步最多有 8 个可能的移动位置，而不是 25 个。科鲁斯特的方法在此不适用，至今也没有其他已知方法。这个谜题就留给有意发展几何追逐学科的人吧：在无穷大棋盘上，马是否能摆脱恶魔？

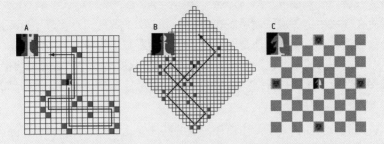

力量为k的车（即每步最多移动k格）面对双重恶魔（每步摧毁两个格子），只要棋盘尺寸大于等于$2k+2$，就一定会被围困。图A展示了该策略的思路。

对力量为k的象(B)有类似结论，只要棋盘尺寸达到$4k+3$，象就会被围困。将棋盘转过45度，我们可以套用车的方法。

(C)马位于$n \times n$棋盘的中心（或尽可能靠近中心）。恶魔试图防止其到达边界以及离边界一格的地方（因为马一旦到达，下一步就可以逃出棋盘）。按照(a)四重恶魔、(b)三重恶魔、(c)双重恶魔或(d)单重恶魔的不同定义，抓住国际象棋中马的问题难度依次为(a)简单、(b)有难度、(c)很难、(d)无解！

(a) 若棋盘尺寸大于或等于9，四重恶魔就会围住马（见图）。若棋盘尺寸小于或等于8，四重恶魔无法阻止马获胜。

(b) 三重恶魔可以在尺寸为16×16的棋盘上抓住马。

(c) 对于双重恶魔，马丁·加德纳声称收到过论证（但从未发表）能证明若棋盘尺寸大于或等于4500，马就会被困住。4500这一结论或许有减小的空间。

(d) 对于单重恶魔，至今无人知晓结果：马是否总能逃脱？相反，当棋盘足够大时，马是否会被困住？始终是个谜。

只有力量为 2 的天使能逃脱

我们已经看到在无穷大的棋盘上，力量为 1 的天使会被恶魔围困，而力量为 2 的天使则会逃脱。还有中间的情况吗？

2004 年，德国萨尔布吕肯的马克斯·普朗克学会的马丁·库茨和美国克利夫兰大学的阿提拉·波尔沿着这个方向证明了一个出色结论。假设天使和恶魔并不是轮流出招，而是按照对天使有利的 A 和 D 周期顺序进行游戏，例如 A、A、D、A、D、A、A、D、A、D、A、A、D……天使在 5 次中走 3 次，而恶魔在 5 次中走 2 次（参见"力量为 1 的天使会被恶魔抓住"）。若天使走的频率严格小于恶魔走的频率的两倍，恶魔总可以困住天使。即使给天使多一点儿力量，只要力量不到恶魔的两倍，就无法摆脱恶魔。科鲁斯特得出的结论就是最佳结果：天使凭借两倍的力量摆脱了恶魔。

最后，我们再来看几个追逐游戏的其他变化形式。首先回到国际象棋棋子，我们试图在有限的 $n \times n$ 正方形棋盘上来围住棋子：棋子不再寻求在无穷空间逃脱，而是逃脱给定的棋盘即可，恶魔的目的是防止棋子逃出棋盘。在有限棋盘的变化形式里，我们可以设定每步摧毁两个格子的双重恶魔或摧毁三个格子的三重恶魔，等等。棋盘越大，恶魔越有可能赢；我们的目标是，每次确定能使恶魔获胜的棋盘最小尺寸。当棋

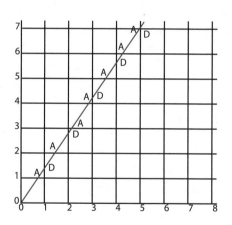

6 **力量为 1 的天使**会被恶魔抓住。力量为 2 的天使则会逃脱。力量在两者之间又会怎样？为了让这个问题变得有意义，我们假设一局里天使和恶魔并不按ADADAD……的顺序轮流走，而是按照预先确定的、有利于天使的规则出招。对介于 1 和 2 之间的数 a（例如 $\sqrt{2}$）的情况，为了确定轮流顺序，我们在坐标纸上画出一条斜率为 a 的直线。当该直线与坐标系的水平直线相交时，天使走一步 (A)，当该直线与坐标系的垂直直线相交时，恶魔走一步 (D)。这个方法保证了 A 与 D 的比为 a，而 A 和 D 会尽可能规则地交替出现。库茨和波尔证明了对于任何严格小于 2 的 a，恶魔都会抓住天使。

盘的边是偶数且没有中心格时，出发点是紧挨棋盘中心点的四个格子中的一个。

当王面对单重恶魔时，"力量为 1 的天使会被围住"中描述的解法仍然有效：将王放在尺寸为 35×35 或更大的棋盘中心。恶魔沿着以王出发点为中心、尺寸为 35×35 的正方形周长挖一个沟，就总可以成功将其围困。康威、伯利坎普和盖伊的书中介绍了 33×33 棋盘的一个相当复杂的解法（见参考文献）。

双重恶魔（每步摧毁两个格子）阻止王逃脱所需的正方形棋盘最小尺寸问题则比较简单。答案是 8。在尺寸等于或小于 7 的棋盘上，双重恶魔无法成功阻止聪明的王逃脱，而一旦棋盘边长等于或大于 8，无论王怎样走，双重恶魔都能将其围困。读者自己来找找原因吧。狡猾的三重恶魔只要边长达到 6 的棋盘就能将王围困，四重恶魔只要边长达到 5 的棋盘就能将王围困。

对于每次只走一格的车（有时称为 Duke），单重恶魔需要尺寸为 8 的棋盘，边长小于等于 7 时，恶魔无能为力。推广至一般情况，对于力量为 k 的车（可任意水平或垂直移动，只要每次移动不超过 k 格且不能越过毁掉的格子），若棋盘尺寸为 $8k^2+3$，单重恶魔就能将其围困。双重恶魔能在尺寸为 $2k+2$ 的棋盘上围困力量为 k 的车，但棋盘再小就无能为力了。

将棋盘转过 45 度，就可以将象的问题转化成车的问题。力量为 k 的象在尺寸为 $4k+3$ 的棋盘上会被双重恶魔围困。若棋盘尺寸大于或等于 $4k+2$，四重恶魔（每次摧毁四个格子）就能围困力量为 k 的王后。三重恶魔面对力量为 k 的王后，胜利就没那么容易了，不过棋盘尺寸一旦达到 $2n[8n/3]+3$（中括号"[]"表示取整），恶魔就可能取胜。

"象、车与马"又介绍了有关马的一些结论。祝你追逐愉快！

第四章

整数的无穷奥秘

加法和乘法——这些我们在学校里便学习掌握的基础算术运算，构筑了一个复杂的无限世界。人们经过两千多年的研究，尽管已经积累了令人难以置信的丰富知识，但依然会不断遇到一些崭新的问题。有些问题看似简单，至今却仍无法完美解答。

跳格子游戏中的算术

数字的跳格子游戏背后是否蕴藏着数字的秘密？热衷于此游戏的伯努瓦·克鲁瓦特制订了一项规则，从算术表中得出不少定理和出人意料的猜想。

> 粉红樱桃树，白苹果树——儿时的跳格子游戏
> 将她拥在怀中，爱情令我窒息
> 粉红樱桃树，白苹果树——少女迷人的气息
> 深深地吸引着，一颗年少的心
>
> ——雅克·拉鲁　词/路易基　曲，1950年

笛卡儿坐标将代数与几何联系起来，将任何几何问题转化为代数问题，在大多数情况下，只要耐心计算便能够解答。相反，将代数问题转化为几何问题也需要一些定理，若非笛卡儿坐标，这样的定理恐怕难以被人理解（例如求解线性方程组）。

然而，除了斯坦尼斯拉夫·乌拉姆的质数螺旋、尤里·马季亚谢维奇和波利斯·斯捷奇金的抛物线，以及其他几个类似的构造，很少有算术向几何图形的转换。前战斗机飞行员、着迷于数学的爱好者伯努瓦·克鲁瓦特想出了一种有趣的几何方法来表示数字——算术表。这样的表格似乎是欧拉发现的，而克鲁瓦特基于无穷大跳格子游戏里在格子间重复跳跃的轨迹，发展出一门巧妙的艺术。这个游戏让我们以孩童充满赞叹的眼光来观察数字的一些"可爱"特性。

由此，我们发现了数字和图画之间众多的联系：善于观察的人可以从这个表格中找出数字的约数，发现质数和孪生质数，将哥德巴赫猜想可视化，计算分形序列。

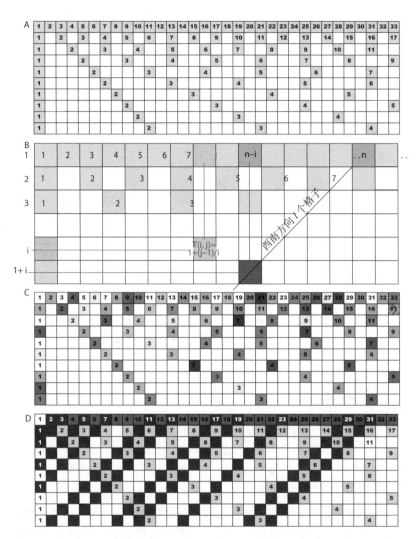

1 **算术表。** (A) 表格的各行依次包含整数、以一格间隔的整数、以两格间隔的整数、以三格间隔的整数，依次类推。这样，第二行里第 n 个被占据的格子就是第一行里第 $n+1$ 个格子除以 2 的结果，第三行里第 n 个被占据的格子就是第一行里第 $n+2$ 个格子除以 3 的结果。(B) 更加一般地，当 $j-1$ 是 i 的倍数时，格子 $T(i, j)$ 非空，其值就是 $1+(j-1)/i$。(C) 一个数字的约数出现在沿着西南方向的左下对角线上。(D) 数字 n 相应的西南对角线上的格子（黑色）除了 1 和 n 之外没有任何其他数字，这样的数字就是质数。

算术表的构造很简单：

❑ 第一行是升序排列的整数 1、2、3、4……；
❑ 第二行也是升序排列的整数，但之间以一个格子分隔；
❑ 第三行还是升序排列的整数，但之间以两个格子分隔，依次类推。

表格的第一个用处就是能立即给出数字 n 的约数，即位于从第一行的数字 n 所在的 $(1, n)$ 格开始向左下方延伸的对角线上的数字，称为西南方向。

我们通过对表格逐行检验来验证这条性质（参见"算术表"图 A），并通过考虑从 $(1, n)$ 格朝西南方向 i 次移动一格后的坐标来加以证明（参见图 1B）。到达的格子坐标为 $(1+i, n-i)$，其中 $i=0, 1, 2, \cdots$ 非空的格子就是 $n-i-1$ 能被 $1+i$ 整除的地方，即 n 能被 $1+i$ 整除。这些格子所包含的整数 $T(1+i, n-1)=(1+i+n-i-1)/(1+i)=n/(1+i)$，即 n 的一个约数。由于所有小于 n 的整数都被逐行"尝试"，就不会有任何遗漏。

从这第一条性质就得出了质数的几何表征：整数 n 为质数，当且仅当沿着西南方向从 n 开始直到第一列的数字 1 之间的所有格子都为空。因此 5、7、11 和 13 都是质数，正如"算术表"图 D 所示。

约数与质数

我们注意到，图形根本无法帮助我们找出质数的最大纪录，那将会生成一张极大的表格，即便强大的计算机也没有如此巨大的存储能力。在这里，结论的意义主要是给出一种可视化方法用来寻找质数，并给算术爱好者出一些有趣的习题。

下面的结论是关于孪生质数未被证明的一个猜想。我们将所有相差 2 的两个质数称为孪生质数对，例如 5 和 7、11 和 13、17 和 19、29 和 31。尽管我们已经知道很大的孪生质数对，如今尚未有人能证明孪生质数对有无穷多个。

$3\,756\,801\,695\,685 \times 2^{666669}-1$，这是一个有 200 700 位数字的质数，也是迄今已知最大孪生质数对的第一个元素（发现于 2011 年 1 月）。这个网站上提供了已知最大的 20 对孪生质数：http://primes.utm.edu/top20/page.php?id=1。

我们来看看克鲁瓦特如何用几何方法来寻找孪生质数。

同时考虑从第一行的 n 开始沿西南和东南方向的两条对角线。当且仅当西南方向对角线只包含表格第一列的 1，东南方向对角线只包含 3 时，数字 n 为孪生质数的第二个元素。图 2 指出 (5, 7) 和 (11, 13) 为两对孪生质数。

证明这个图形特征，需要基于之前看到过的一条性质：若由整数 n 开始朝着西南方向的对角线仅包含 1，则 n 为质数。

下面证明第二点：当且仅当由 n 开始东南方向对角线仅包含 3 时，数字 $n-2$ 为质数。从 $(1, n)$ 开始的东南对角线上的格子为 $(1+i, n+i)$，$i=2, 3, \cdots$。对于 $i=n-3$ 有 $T(1+n-3, n+n-3)=T(n-2, 2n-3)=(3n-6)/(n-2)=3$。东南方向对角线上，$n-3$ 次沿对角线方向移动一格后，所在格子非空且包含 3。

当且仅当整数 $n+i+i+1-1=n+2i$ 不能被 $1+i$ 整除时，或换句话说当 $n-2+2(i+1)$ 不能被 $i+1$ 整除时，再换句话说当 $n-2$ 不能被 $i+1$ 整除时，该对角线上 $i=1, 2, \cdots, n-4$ 的格子为空。考察所有 $i=1, 2, \cdots, n-4$ 的格子，我们于是得出当且仅当东南方向对角线上直到 3 的所有格子都为空时，$n-2$ 为质数。

有关孪生质数的猜想通过如下形式转化为几何表示：算术表中存在无穷多个数字 n，其西南和东南方向对角线分别仅包含 1 和 3。和之前的例子一样，并不是说这样的转化能推动对猜想的解答，但拥有可视化的表达方法就够了。

1	2	3	4	5	6	7	8	9	10	11	12	13	14	15	16	17	18	19	20	21	22	23	24	25	26	27	28	29	30	31	32	33
1		2		3		4		5		6		7		8		9		10		11		12		13		14		15		16		17
1			2			3			4			5			6			7			8			9			10			11		
1				2				3				4				5				6				7				8				9
1					2					3					4					5					6					7		
1						2						3						4						5						6		
1							2							3							4							5				
1								2								3								4								5
1									2									3									4					
1										2										3								4				
1											2										3									4		
1												2											3									

2 孪生质数 (A) 在几何上的特征就是：从一对孪生质数的后一个元素（伴随质数）开始画出两条对角线，第一条上只有数字 1，第二条上只有数字 3。

关于质数的另一个著名猜想就是"哥德巴赫猜想"：从 4 开始的所有偶数都是两个质数的和。

哥德巴赫猜想

俄国彼得大帝的老师哥德巴赫曾向欧拉提出这个猜想。从此，这一猜想一直保持着神秘的色彩。人们已经验证了哥德巴赫猜想对 3×10^{17} 以内的所有偶数都成立，但还不能证明猜想的正确性！2000 年，为了宣传小说家阿波斯托洛斯·佐克西亚季斯的著作《彼得罗斯叔叔与哥德巴赫猜想》（故事以哥德巴赫猜想为主题），英国编辑托尼·法贝尔悬赏一百万美元给证明哥德巴赫猜想的人。证明必须在 2002 年 4 月之前提交，因无人申领，奖金始终没有发放。现在，即使你能提出证明，除了荣誉之外也再没有任何奖赏。

这一次，克鲁瓦特的图形描述考虑在格子中采用 $(1, -k)$，即"向下一格，向左 k 格"的移动类型，以及 $(1, k)$，即"向下一格，向右 k 格"的移动类型。这个跳格子游戏从第一行的 n 开始画出一条"轨迹"。为了判定偶数 $2n$ 是否能写成两个质数之和的形式，克鲁瓦特提出要考虑从数字 $n+1$ 开始，且 $k=1, 2, 3, \cdots$ 的所有类似轨迹。其结果指出，当且仅当 $n+1$ 有一个对应于 k 的轨迹仅包含 $k+2$ 时，数字 $2n$ 为两个质数之和。

例如，整数 $16=2 \times 8=2n$ 为两个质数之和，因为 $k=3$ 的轨迹以 $n+1=9$ 为中心，仅包含整数 $k+2=5$（参见"哥德巴赫猜想"）。于是，哥德巴赫猜想有了几何表达，其命题变成：对每个整数 n，有与整数 k 对应的轨迹分支仅包含 $k+2$。你可以在互联网上找到克鲁瓦特的文章，证明这个几何表述等价于哥德巴赫猜想。

在简单的倾斜路径中，人们不禁想要试试那些与国际象棋棋子中的"马"相对应的路线。令人惊奇的是，沿着这些路线都能得到质数。

下面是四个结论，将马的走法与质数相联系：

❑ 当且仅当 $2n-3$ 为质数时，马从 n 出发沿东南偏南方向（"国际象棋马的移动"中黄色）移动，不经过其他整数而到达 2；

❑ 当且仅当 $n-3$ 为质数时，马从 n 出发沿东南偏东方向（蓝色）移动，不经过其他整数而到达 4；

- 当且仅当 2n–1 为质数时，马从 n 出发沿西南偏南方向（绿色）移动，不经过其他整数而到达 1；
- 当且仅当 n+1 为质数时，马从 n 出发沿西南偏西方向（红色）移动，不经过除了 1 以外的任何其他整数。因此图 4 指出 17、13、23、53 为质数。

3 哥德巴赫猜想提出：从 4 开始的所有偶数都是两个质数的和。该猜想转化为几何上的表述就是：对应 2n（这里以 16 为例）的数字 n（8），有一条轨迹 k（这里是 3，红色）仅包含 k+2（5）。

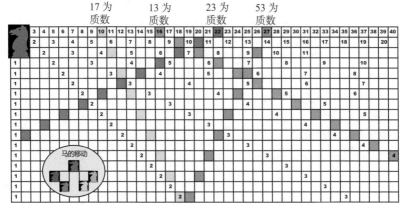

17 为质数　　13 为质数　　23 为质数　　53 为质数

4 国际象棋马的移动。若 2n-3（这里以 17 为例）为质数，从第一行格子 n（10）开始沿东南偏南方向的黄色格子为空，直到格子 2。同样，马在蓝色、红色、绿色格子的移动轨迹也如正文所述确定了某些数字是否为质数：分别对应 (n-3)、(n+1) 和 (2n-1)。

第一条和第三条结论给出了一个孪生质数的新描述：当且仅当从 n 出发，朝西南偏南和东南偏南方向的路线分别仅遇到 1 和 2 时，2n–3 和 2n–1 构成一对孪生质数。

分形、打乱的纸牌与龙形曲线

马的路线引出了一个奇怪的数列——克拉克·金柏林与哈里斯·舒尔茨数列，也是内尔·斯隆整数列百科全书中的 A003602 号数列（http://www.oeis.org）。

在给出这个数列 $K(n)$ 的奇特性质之前，我们先来看看马跳格子是如何在算术表里将其遍历的。为了得到数列中的 $K(n)$ 项，将马放在 n 的正下方，即 $(2, n)$ 格，然后令马向西南偏南移动，直到抵达非空格子（参见 "$K(n)$ 数列的分形性质"）。该格子中的数值就是 $K(n)$。

该数列引人注目之处在于其具有分形结构：每个整数第一次出现时，将其从数列中去除（用红色表示，占据所有奇数位置），得到的结果还是数列本身！

1, 1, 2, 1, 3, 2, 4, 1, 5, 3, 6, 2, 7, 4, 8, 1, 9, 5, 10, 3, 11, 6, 12, 2, 13, 7, 14, 4, 15, 8, 16, 1, 17, 9, 18, 5, 19, 10, 20, 3, 21, 11, 22, 6, 23, 12, 24, 2, 25, 13, 26, 7, 27, 14, 28, 4, 29, 15, 30, 8, 31, 16, 32, 1, 33, 17, 34, 9, 35, 18, 36, 5, 37, 19, 38, 10, 39, 20, 40, 3, 41, 21, 42, …在《蜥蜴数列及其他发明》一章中，我还会介绍其他分形数列。金柏林与舒尔茨数列按照 $K(2n)=K(n)$ 和 $K(2n+1)=n+1$ 重复出现。人们出于好奇，将它与打乱的纸牌联系起来。右手持有一把从 1 到 n 编号的纸牌，将牌堆最上面的纸牌交替放到 (a) 牌堆最下面和 (b) 桌面上。两个位置轮流摆放，手里的牌堆越来越小，直到 n 张牌都摆在桌上。当所有 n 张牌都摆在桌面上的时候，号码为 1 的纸牌在桌面上摆放的位置次序就是 $K(n)$。你也来试试！

$K(n)$ 数列还富有另一种意义的分形性质：画一条折线，当 $K(n)$ 为奇数时向左画、偶数时向右画，就得到著名的 "龙形曲线"，由美国国家航空航天局的海威、班克斯和哈特发现，马丁·加德纳在 1967 年将其推广（参见 "$K(n)$ 数列的分形性质"）。

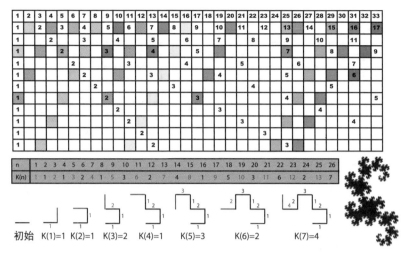

n	1	2	3	4	5	6	7	8	9	10	11	12	13	14	15	16	17	18	19	20	21	22	23	24	25	26
K(n)	1	1	2	1	3	2	4	1	5	3	6	2	7	4	8	1	9	5	10	3	11	6	12	2	13	7

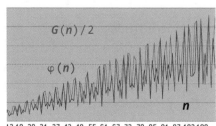

初始　　K(1)=1　K(2)=1　K(3)=2　K(4)=1　　K(5)=3　　K(6)=2　　K(7)=4

5 $K(n)$ **数列的分形性质**：每个数字第一次出现时，将其从数列中去掉，依然得到初始数列。将马放在格子 $(2, n)$ 并使其沿西南偏南方向移动，遇到的第一个非空格子里所包含的数字就是 $K(n)$。下方是"龙形曲线"的构造方法，其线段根据 $K(n)$ 取值的奇偶性向左或向右。

"之"字形路线与迦尔顿路线

算术表上的跳格子路线并非一定是直线。例如，克鲁瓦特想到向后折回的路线：在第 n 步向下移动一格并向后移动 n 格。克鲁瓦特证明：当且仅当起始点为 2^k+1 形式时，这样的路线不会遇到任何整数。

随着下降并轮流左移一步右移一步，这些数字呈现出最简单的"之"字形跳跃。克鲁瓦特证明，在这种跳格子方式下，当且仅当 n 为 2^k+1 形式时，从 n 出发不会遇到任何整数。

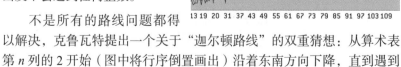

不是所有的路线问题都得以解决，克鲁瓦特提出一个关于"迦尔顿路线"的双重猜想：从算术表第 n 列的 2 开始（图中将行序倒置画出）沿着东南方向下降，直到遇到

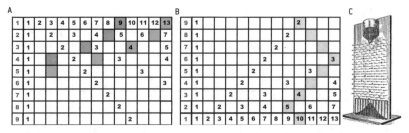

6 弯曲路线和迦尔顿路线：弯曲路线 (A) 和模拟迦尔顿板 (C) 下降的路线 (B) 使人们能够得出算术表的新特性，并提出猜想。

奇数的非空格子，然后方向变成西南方向（犹如迦尔顿板[1]上的钉子改变落下珠子的运动方向，参见"弯曲路线和迦尔顿路线"图 B）。如此继续在每次遇到奇数非空格子时改变方向。路线终结于算术表第一行的一个必定为偶数的格子，记作 $G(n)$。上图指出 $G(9)=10$。

克鲁瓦特注意到，数列 $G(n)/2$ 与欧拉函数 φ（对于 n，$\varphi(n)$ 的值为小于 n 且与 n 互质的整数的数目）相似，且两者对于质数相互重合。第 167 页右下图给出了两个数列取值的叠加比较。

如同欧拉函数的情况一样，我们可以猜想无法由 G 得出的偶数有无穷多个（58 就是其中之一）。

另外，对于欧拉方程我们知道 $\lim\limits_{n \to \infty} \dfrac{1}{n^2} \sum\limits_{k=1}^{n} \varphi(k) = \dfrac{3}{\pi^2}$。

于是很自然地会猜想极限 $\lim\limits_{i \to \infty} \dfrac{1}{n^2} \sum\limits_{k=1}^{n} G(k)$ 存在……且会出现数字 π。

知识渊博的业余爱好者

克鲁瓦特也研究了算术表的其他特性，并在该课题上与数学家奥利维尔·鲍尔德莱斯合作。这并非克鲁瓦特的首个数学发现，作为业余爱好者，他所做的研究工作不逊色于专业人士。

除了为内尔·斯隆的数列百科全书提出超过 4000 条贡献，其中一些还被其他数学家详细研究，克鲁瓦特还有一项精彩发现，那就是数

注 1　弗朗西斯·迦尔顿为证明中心极限定理所发明的装置。——译者注

学上两个基本常数 π 和 e 之间出人意料的联系。通过相似公式定义的两个镜像数列 (u_n) 和 (v_n)，可以得到向 π 和向 e 的收敛（参见证明 http://www.pi314.net/fr/miroir.php）。

$$u_1 = 0, \ u_2 = 1, \ u_{n+2} = u_{n+1} + \frac{u_n}{n} \qquad v_1 = 0, \ v_2 = 1, \ v_{n+2} = \frac{v_{n+1}}{n} + v_n$$

$$\lim_{n \to \infty} \frac{n}{u_n} = e \qquad \lim_{n \to \infty} \frac{2n}{v_n^2} = \pi$$

克鲁瓦特还提出并证明了常数 ζ 的一个极其简单却前所未见的公式：$\zeta(2) = \pi^2/6$。

这位非凡数学家的研究方法离不开持久、耐心的数字试验。他曾经说过："这是个了不起的时代，人人都有机会开展数学试验。比如，无论是谁都可以使用免费下载的 PARI/GP（波尔多大学的程序）。只需要一点儿想象力，就能获得赶超当今研究进展的发现。"

五花八门的数字收藏

　　热爱数字的人们总在找寻并精心收集最有趣的数字。为此，他们必须面对无穷多的数字，还要在其中摸索出规律。

　　每家每户都至少会有一本字典，有时候还有好几本，说不定还有一部百科全书。我们说的当然是语言类字典。然而，世上还有一些数字字典，虽然吸引的读者少一些，却同样蕴藏了取之不尽的信息和知识，向人们提出众多数学问题、逻辑问题和趣味问题。

数字的大字典

　　与词汇字典不同，数字字典遇到的第一个困难就是无穷多的数字数量。不得不有所选择！

　　在一些幼儿早教图书中，每一页只呈现一个数字，有时从 1 到 10，有时从 1 到 20。也就是说，从 1 开始，选取一个固定区间内的所有整数。这类童书通常会搭配一些插图，数字"1"的那一页呈现一样东西且出现一次，数字"2"的那一页呈现另一样东西且出现两次等。这些小字典的唯一目的就是教幼儿数数、认数、写数。我们也可以编撰这样一本书，每一页都是一本书的封面，其标题包含一个整数（参看插图）。

　　这类书不会遇到编排问题，而成人数字字典则不然。

　　在法国，此类字典中最著名的当属 1983 年由 Hermann 出版社出版、弗朗索瓦·勒里奥内撰写的《奇妙的数字》（ *Les nombres remarquables* ）。作者讲述了自己多年来如何开始收集数字，并最终出版著作的经历。这本独特字典多次再版，介绍了 446 个值得关注的数字。

　　"一开始，我在本子上记下所有遇到的看起来值得注意的数字。上

大学以后，这个列表不断丰富、完善，很快就包含了一百多个元素。在第二次世界大战之前，我的收藏形成了一个卡片箱，每一个数字通过一张卡片来介绍各种丰富多彩的性质。"

勒里奥内选取数字时有自己的标准，就是在他已知或者别人告诉他的数学命题中出现，又令他觉得颇具意义的数字。比如，列表里出现的数字 144，就是斐波那契数列中（即数列 0、1、1、2、3······每个元素都是之前两个元素之和）唯一一个大于 1 的平方数的数字。数字 1500 也在列，因为它是正二十面体各个面所在平面相交而限定的直线段数目。整数 12 758 在勒里奥内的收藏中也有一席之地，因为它是无法写成不同立方数之和的最大整数。我们注意到，无法写成不同立方数之和的数字总共恰好 2788 个，而意外的是，2788 却没有被勒里奥内选中！

字典需要按照字母顺序排序，而对于数字的集合，这个问题就没那么简单。负数和复数的存在使得字典的呈现方式变得很难选择——至少，如果按照域的代数结构，无法完整地给复数排序。

勒里奥内的解决方法是只选取正实数，并把选取的数字按升序排列。主要列表之后，附有三页的增补，给出若干个复数、无限数和超限数。

另一增补页给出了 3 个"有限不确定"数字。如今，每个数字都应当被重新注释一下，因为从字典问世至今，所谓的不确定性已经随着时间而改变。

第一个是柴廷常数，如今称为 omega 数，记作 Ω。尽管该数字不能完全计算出来——通过一种形式系统只能得出其有限位数——却是一个可以绝对确定，甚至部分可计算的数字。这与勒里奥内的想法不同。别忘了，克里斯蒂安·卡鲁德、迈克尔·丁南和舒继国在 2002 年确定出了二进制 omega 数的前几位：0000001000000100000110001000011010001111110010110111010000100。

勒里奥内的第二个"有限不确定"数字是米尔斯常数。米尔斯在 1947 年证明，至少存在一个实数 A 满足 $[A^{3^n}]$ 总是质数。$[x]$ 记号表示取 x 的整数部分，例如 $[3.14159]=3$。

米尔斯在 1947 年发表的这篇文章中证明了 A 的存在，却未给出任何值。此后，人们证明了存在无穷多个这样的数字 A（无法计数），且其中一个数字小于其他所有数字——这就是所谓的"米尔斯常数"。它的计算尤其困难。在仅有的已知计算方法中，只有在承认黎曼假设成立的条件下，计算才有效，而黎曼假设又是尚未求解的高难度数学问题之一。于是，我们不能说勒里奥内将米尔斯常数归为有限不确定数一类就是错误的。在黎曼假设下，克里斯·卡尔德威尔和程源友（音译）在 2005 年通过计算给出了 6850 位小数，开头是这样：1.30637788386308069046861449260260571291678458515671364436805375996643405376682659882150140370119739570729……依据前面给出的米尔斯公式得出的质数是 2、11、1361、2 521 008 887、16 022 236 204 009 818 131 831 320 183、4 113 101 149 215 104 800 030 529 537 915 953 170 486 139 623 539 759 933 135 949 994 882 770 404 074 832 568 499。下一个尚不得而知。

π 中的 7

勒里奥内的第三个"有限不确定"数字记作 N_{int}，由 π 的小数部分定义。π 本身当然也入选勒里奥内字典的 446 个数字。正如我们要看到的，数学的发展又一次改变了这个独特数字的身份。按照定义：$N_{int}=(-1)^k$，k 为 π=3.1415926…小数部分第一次连续出现 7 次数字 7 之后的下一位数字。

这个数字常常被直觉主义学派（记号 N_{int} 的来由[1]）数学家拿来举例，证明数学事实不一定具有确定性，而且在有些情况下，"A 或者非 A" 也不能成立。若 k 为偶数（0、2、4、6、8）数字 N_{int} 为正，若 k 为奇数（1、3、5、7、9）数字 N_{int} 为负。不过根据直觉主义者支持的理论，只要无法确定 k，数字 N_{int} 便非正亦非负。勒里奥内还说："我们甚至不知道这个数字是否存在"。

勒里奥内可能会很高兴知道，今天我们已知数字 N_{int} 是存在的。数列 7777777 出现在 π 小数部分的 3346228 位置，后面跟着一个 3，于是 $N_{int}=-1$。这是个负整数——而且还是最大的负整数，非常值得一提！π 里第一个 7777777 周围的数字是：…3683827845852658777777736314225 59893773…，你可以在网站进行验证：http://www.angio.net/pi/bigpi.cgi。

说真的，要更新勒里奥内的字典并非易事。实际上，如果不用 7 个连续 7 的定义 N_{int}，而采用考虑 π 小数部分一百个连续 7 的相同方法来定义它，我们又会遇到一个有限不确定数，而且这个新例子在很多年内都将一直保持不确定性。

当然，市面上也有其他数字字典（参见参考文献）。某些书不仅限于数字的数学性质，还涉及统计日常用语、谚语、小说和电影作品名称，以及流行文化中由数字构成的应用场景等。皮埃尔·雷索的《完整大写数字字典》（*Dictionnaire des chiffres en toutes lettres*）就是如此。

我们只关注致力于数字数学性质的数字字典。有些专门研究整数，例如让—马利·德·柯南克在 2008 年出版的作品；有些则注重实数，如史蒂芬·芬奇在 2003 年出版的名著《数学常数》（*Mathematical Constants*），详细介绍了有限选择的 136 个数字。另一些作者则和勒里奥内一样，收录很多类别的数字。其中最有名的可能是大卫·威尔斯在 1987 年出版的著作。

最有趣还是最无趣？

说起这样的字典，就不得不提到各种表格、数学或物理的数值表、

注 1 "int" 为直觉主义 "intuitionniste" 的简写。——译者注

统计年鉴，以及法国 *Quid* 百科全书。自 1963 年到 2007 年间，*Quid* 百科全书每年出版一次，直到被互联网终结。

　　一个数字几乎从不会被遗忘，勒里奥内、德柯南克、威尔斯都曾选取，它就是 1729。戈弗雷·哈代讲述印度数学家斯里尼瓦瑟·拉马努金的趣闻时曾说过："我记得有一次他在帕特尼生病了，我去看他。我乘了一辆出租车，并记下了车号 1729。我给拉马努金看了这个号码，并对他说，这个数字看不出有什么特别之处，希望这不是什么不好的征兆。他回答

■ 1. 不可能的字典

　　独特数字字典里缺失的最小正整数——一定存在这样的最小整数，因为缺失而成为一个独特的数字。但是，一旦字典给出这一数字，它就不再缺失，独特数字字典也就不可能那么独特了！这个指向字典自身的矛盾很容易绕过去。比如，在该数字的定义里禁止提到字典本身。

　　查出经典数字字典里缺失的最小整数，并借助其他字典找出其值得一提的特性，会是件很有趣的事。

　　在勒里奥内的字典里，第一个缺失的整数是 49。但是，49 的平方（2401）的各位数字之和是 49 的平方根，这其实很独特。

Josh Sommers

　　在威尔斯的字典里，第一个缺失的整数是 43。而 43 绝对称得上独特，因为它是最小的能写成两个、三个、四个或五个不同质数和的整数：43=41+2；43=11+13+19；43=2+11+13+17；43=3+5+7+11+17。

　　在德·柯南克的字典里，第一个缺失的整数是 95，而 95 却是小于 500 的质数的数目，并且是杨辉三角（又称帕斯卡三角形）中的一个数字。对 95 进行质因数分解时，所用数字是其本身包含的数字再至少加上另一个数字，95 是这类数字中的最小数字：$95=5 \times 19$。

　　2009 年 2 月 14 日，英文版维基百科在介绍整数的页面里，第一个没有提到的数字是 1004，而 1004 是 e 的小数部分第一次出现序列 1234 的位置（由斯隆百科全书得出）。

　　斯隆百科全书（2009 年 2 月）中第一个没有出现的数字是 11 630，而这是起重设备的 ISO 标准标号。这与数学无关，但我也没能够搜索出更好的结果！

说，不，这是一个很有意义的数字，这是最小的可以用两种不同方式写成两个数字立方和的数。"从此，这个数字名声鹊起。

拉马努金随口就能算出 1729 的独特性质，而德·柯南克冒着推翻传说的风险，在自己的字典里指出，数字 1729 的特性早在 1657 年就由伯纳德·弗雷尼克勒·德·贝西提出，而拉马努金可能只是想起了看过的文章而已。

人们对数字 1729 充满兴趣，由此发现了其他有趣特性，下面就有三条。

❑ 1729 是第三个卡迈克尔数，前两个数是 561 和 1105。卡迈克尔数是在费马素性检验中表现为质数的合数 p（对于任意与 p 互质的数字 a，满足 a^p-a 是 p 的倍数）。这些数字在算术上扮演很重要的角色，我们在 1994 年得知存在无穷多个卡迈克尔数。

❑ 1729 是 e 的小数部分中序列 0719425863 所在的起始位置，该序列是其中第一次出现的长度为 10、每个数字出现且仅出现一次的序列。

❑ 有四个数字，所有位数相加，和与和的各位数字倒过来得到的数字相乘，结果为该数字本身。1729 就是其中之一（另外三个是 81、1458 和 1）：1+7+2+9=19, 19×91=1729。

总而言之，为了纪念这辆出租车，1729 被称为"哈代 – 拉马努金数"，而所有能用多种方法写成立方和的数字都被称为"出租车数"。

在独特整数字典里，似乎存在一个无法避免的矛盾，称赞该字典"独特"、"奇异"或"有趣"的溢美之词将变得名不副实。其实，如果最小整数不在字典中，它就会作为第一个缺失的数字而变得独特，于是，最小整数就应该加入字典。然而，如果将它加进去，它就不再是缺失数字，也就不应再位列其中了（因为另一个数字就变成了最小的缺失数字）。难道没办法解决吗（参见"不可能的字典"）？

互联网带来的变化

然而在当今社会，印刷数字字典的时代正在经受一场革命，因为互联网能归纳整理多得多的具有独特性质的数字。

维基百科就包含十分详细的整数字典。你对 181 感兴趣？那就请看这个网页：http://en.wikipedia.org/wiki/181_(number)。

你将会看到 181 是一个回文质数（倒过来看完全一样），181 和 179 互为孪生质数，181 的三进制写法也是回文，181 是五个连续质数 29、31、37、41、43 之和。除了其他数字性质，你也会发现 181 是兰斯·阿姆斯特朗于 1999 年首次在环法自行车赛夺冠时所佩戴的号码。

如果你对实数感兴趣，除了一定会介绍 π、i、e、$\sqrt{2}$ 的维基百科之外（参见 http://fr.wikipedia.org/wiki/Nombre_réel），也可以试试《西蒙·普劳夫的反算法》（*Inverseur de Simon Plouffe*）。该程序依据普劳夫自 1986 年以来整理并计算的两亿多个数学常数数据库而构建。打个比方，如果你在一个物理问题中碰到数字 8.53973422，反算法会给出结果 $\pi \times e$。若你觉得这个值不合适，反算法就会给出其他相近的结果。

不过对于独特数字的爱好者，最为神奇的互联网工具当属内尔·斯隆的在线百科全书：http://oeis.org/。

这是一部整数列百科全书，而不是一部数字百科全书。然而，百科全书的设计风格也如同一部数字字典，不仅能用来查找给定整数的特殊性质，还能用以仔细研究独特数字问题，我们就来看一看。

斯隆百科全书最常见的用途是寻找整数列隐藏的逻辑，例如用 3, 4, 6, 8, 12, 14, 18, 20… 查询这个网站，你很快就能发现这是一个质数列加 1 的结果：2+1, 3+1, 5+1, 7+1, 11+1, 13+1, 17+1, 19+1,…

更加有趣的是，该程序可以用来查询单个数字。我们再来看看哈代 – 拉马努金数 1729。程序指出已知超过 350 个包含 1729 的数列，各自都包含 1729 的一条性质，你可以亲自验证。这些数列按照重要性排序，排序依据就是序列在百科全书里数学说明和参考条目中的引用次数。第一条出现的性质是：1729 是第 3 个卡迈克尔数。拉马努金注意到的那条性质当然也有提及。浏览这些包含 1729 的数列，你会发现各种纯粹的数学性质，就连维基百科也没能给出这么全的信息。

❑ 1729 是第 13 个 n^3+1 形式的数字；

- 1729 是第 4 个"六倍阶乘"数，即 $6n+1$ 形式的连续乘积：$1729=1 \times 7 \times 13 \times 19$；
- 1729 是第 9 个 $n^3+(n+1)^3$ 形式的数字；
- 1729 是完全平方数（33^2）的所有约数之和；
- 1729 是整数在正六边形上螺旋排列，与数字 1 倾斜对齐的第 24 个数字（参见附图）；
- 1729 的各位数之和同时也是其最大质因数（1+7+2+9=19 且 $1729=7 \times 13 \times 19$）；
- 1729 是一个原毕达哥拉斯三角形（边长为互质整数的直角三角形）面积的六分之一；
- 1729 是质数 19 与它反过来的数字 91 的乘积；
- 1729 种方法可以将数字 33 写成 6 个整数之和；
- 1729 是按如下递归定义的数列中第 15 项：$a_1=1$, $a_2=2$, $a_3=3$ 且当 $n>3$ 时 $a_n=a_{n-1}+2a_{n-3}$，等等。

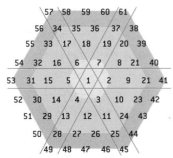

然而，斯隆数字百科全书最大的意义在于应用起来十分便捷。我们可以免费下载使用，比如采用表格程序，还可以通过衡量每个特殊数字在百科全书中出现的次数来衡量它的意义。

这一用途来自菲利普·顾里梅缇，人们昵称他为"Goulu"博士（法语意为贪吃）。他曾提出一个问题：斯隆百科全书中不包含哪些数字？顾里梅缇在网页 http://drgoulu.com/2008/08/24/nombres-acratopeges/ 中将这些数字称为"无特质矿泉水数"。

法语"Acratopège"一词用来形容餐桌上毫无特殊效力的矿泉水，比如依云矿泉水。

2008 年 8 月，首次计算出的最小"无特质矿泉水数"是 8795，然后是 9935、11 147、11 446、11 612、11 630……然而，2009 年 2 月重新计算时，百科全书增补了数百个新数列，第一个"无特质矿泉水数"就变成了 11 630，然后是 12 067、12 407、12 887、13 258……

频繁出现的数字

"无特质矿泉水数"概念随着时间推移越发不稳定,这一性质令人烦恼,却提出一个新思路。我们通过考察一个整数在斯隆百科全书中出现的次数,来考虑其特殊性质的数目 P。P 值衡量着 n 的意义。序列 P 如同"无特质矿泉水数"的概念一样随着时间变化,但其变化缓慢,由 P 值得出的一些概念甚至还很稳定。

"无法解释的丰富程度变化"中画出了 P 的取值。我们在对数坐标下得到一个形态优美的星云图。$P(1729)$ 的值是 380,对于这个数量级的数字来说,P 值已经很大。前一个数值是 $P(1728)=622$,还要更好一些;其实,1728 在拉马努金眼中应该更容易辨别。相反,$P(1730)=106$,于是 1730 成为比 1729 还要难的题目。拉马努金也应该能发现 1730 是有两种方法写成三个数字立方和的第七个数字,或者是不止一种方法写成连续平方和的第十三个数字。哈代凭直觉认为 1729 很一般,没什么特殊性质,斯隆显然不支持这一推断。

数列 $P(n)$ 整体呈递减趋势,而某些数字 n 却是违反规律的例外情况,具有比前面数字更多的特性,即:$P(n)>P(n-1)$。

我们将这些数字称为"有意义"数。按照该定义,第一个有意义数是 15,因为 $P(15)=34\ 183$ 而 $P(14)=32\ 487$。接下来是 16、23、24、27、28、29、30、35、36、40、42、45、47、48、52、53,等等。

有意义数的数量看起来还是太多了,因此,我们再考虑"极有意义"数,其特性数量至少是前面数字特性数量的两倍:$P(n)>2P(n-1)$。

第一个极有意义数是 120,然后是 210、227、239、256、263、269、288、293、307、311、317、336,等等。

我们也可以评估 n 相邻数字的平均特性数量(例如 $n-2$、$n-1$、$n+1$、$n+2$),并寻找特性数量大于平均数两倍的数字。人们将其称为"深有意义"数,依次找出 256、353、367、373、389、397、409、457、487、491、512、541、547,等等。

2. 无法解释的丰富程度变化

斯隆数列百科全书是作者20年积累整理的整数列收藏，在众多数学家和爱好者的帮助下，内容不断增加，每个月都有新的数列被提出。百科全书里的每一个数列都存储了数列的数十项，以及相关的数学性质（定义、定理、相邻数列）或参考文献。

菲利普·顾里梅缇使用包含百科全书中所有序列的文件，对直到10 000的每一个整数n计算其在数据库中出现的次数P。数字出现在一个数列中，就说明该数字具备该数列定义的特性。顾里梅缇计算出的数目P衡量了数字n特性的丰富程度。

(n, P)组合的前几个数值如下：$(2, 308\,154)$；$(3, 221\,140)$；$(4, 159\,911)$；$(5, 153\,870)$；$(6, 138\,364)$；$(7, 122\,762)$；$(8, 116\,657)$；$(9, 102\,899)$；$(10, 52\,834)$。

所有坐标为(n, P)的点构成的星云图十分规则，具有出人意料且难以解释的特性：一个清晰区域将星云图分成两部分，如同将数字分成两类，一类具有很多特性，另一类具有较少特性。今天，我们还无法理解这两类数字具体是如何构成的。

顾里梅缇的Excel文件还包含数列P的计算、相应的图像以及若干其他数据。我们注意到，一些孤立的数字远远在星云之上，比其他相同数量级的数字都具有更多特性。下面就是这些具有超常多特性的数字列表的开头部分：120、256、512、720、729、840、1000、1024、1260、1296、1440、1536、1597、1680、1728、1764、1800、1920、2016、2048。

其中，我们能看到2的幂（256、512、1024、2048），但依然无法描绘这些包含深义的数字的清晰特征。你可以在网页http://msh.revues.org/12014找到一篇研究这个星云图的文章。

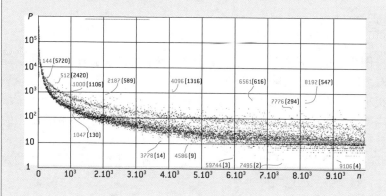

在数字字典中，数学家和爱好者们尤其迷恋质数表和质因数分解表。直到20世纪中期，这些表就像对数表一样被精心编制并印刷了数千份（参见下图）。计算天才扎卡利亚斯·达瑟（1824—1861）用了半生时间计算并补充质数表和质因数分解表，竟然处理了从7 000 000到10 000 000区间内的所有整数。

如今，这种表已经没什么用处，我们拥有的强大计算能力已远远超出现有技术可提供的存储容量。在计算机出现以前，情况并非如此。斯尔瓦和赫佐格为了研究质数之间的差，在2009年2月系统性地一个个计算所有的质数，直到数字1.332×10^{18}。

一旦使用过之后，计算出的质数就会被删除，因为存储所有质数需要过多的空间。采用压缩的方法用一个字节存储连续30个数字"是否为质数"的状态，需要用3×10^{16}字节，即30 000个1TB的硬盘才能存储直到10^{18}的所有质数。按照一个硬盘50欧元计算，这将花费150万欧元：没有人愿意投资，正如我们所说，这样的存储毫无用处，因为使用一个快速素性检测算法会比去硬盘里读取数据更加快捷。

如今，已知的最大质数是2013年发现的$2^{57885161}-1$，大约有一千七百万位数。在互联网上可以很容易找到质数表。

深有意义？

围绕P值，观察有意义、极有意义、深有意义数字的列表，可以提出众多问题。由于百科全书问世二十多年，已经很成熟了，列表如今只有很小的变化空间。但是，这些结果有多少是依赖方法选择？还是依赖斯隆的个人选择？因为，最终还是由斯隆决定接受还是否决网友提出的新数列，百科全书也多多少少反映了他自己的数学兴趣点；他还制定了一些一般原则，在世人眼里可能有些随性，例如每个数列所包含项的数目、可接受数字的最大尺寸等。

这个数列的数据库依赖于编纂者的一些特殊决定，这一点无可争议，但数据库并不是随意选取的。百科全书的贡献者众多，每人都真诚地试图只在其中添加具有一定意义的数列。因此，我们坚定地赞同，这个数据库代表着对数学世界的客观看法，独立于每一位贡献者，反映了永恒的数学真理，尽管这一真理还无法准确定义。若真的有火星人存在，并且他们也编制了一部类似的百科全书，我们可以大胆推断，火星百科全书在根本上应当和斯隆百科全书相似，并包含相同的有意义数字。

一个公正的数学家社群经过不断努力，为百科全书的整体独立性提供了一个非直接例证，即 $P(n)$ 所确定星云图的一般形态呈现出令人惊讶的规则性，如同物理试验中得出的星云图那样。

正如"无法解释的丰富程度变化"中显示的，顾里梅缇指出的星云图展现了出人意料的特性，它被一个清晰区域分成两部分，如同数字被自然地分成两类：清晰区域上方是更加有意义的数字，而下方是不那么有意义的数字。

不同寻常的质数

寻找具有最奇特性质的质数是一件趣事，却也需要足够的想象力、恒心和算术才能。

出于对数学的热爱，数学家奋勇投身攻克著名难题的事业，通往答案的路上往往需要奉献精神、抽象思维以及出众的才华。对于仅是爱好数字和组合数学的普通人来说，世上有另一种性质不同且更容易被常人接受的数学研究，只需要有想象力和耐心即可。

美国人克里斯·卡尔德威尔和加兰德·霍内克刚刚出版了一本书《质数猎奇！质数知识字典》（*Prime Curios! The Dictionary of Prime Number Trivia*），就是最好的例证。这本书说明，数学不总是深奥莫测，也可以妙趣横生，用于娱乐和消遣。在上一章节里，我们介绍了包含所有类别数字的字典。这里我们要讲的是一部专注于质数纯粹趣味性的字典。我们也将看到，这部字典的编纂也付出了非同一般的创造力和热情。

硝化甘油质数

这个游戏的目的在于从质数（有时候也可以是和质数有联系的整数）之中，找出那些具有惊人意义的数字。所谓的"意义"来自于一条或多条并不复杂却又出人意料的特殊性质。这些特性能向世人充分展示所选数字值得被认识和重视的价值，至少在有着独特数学品味的人眼中是这样。

先来看六个例子。

❑ 987 654 103 是各位数字都不相同的最大质数，值得一提。

❑ 3539 是个奇特的数字，因为硝化甘油的分子式是 $C_3H_5N_3O_9$。

- 21 322 319 是能够自我描述的最小质数：数一数其中包含的数字，有 2 个 "1"、3 个 "2"、2 个 "3"、1 个 "9"。
- 85 837 满足等式 85 837 = 8!+5!+8!+3!+7!+(8+5+8+3+7)，也是唯一具有该性质的质数。
- 43 252 003 274 489 855 999 是魔方打乱状态的数目，也是霍内克最喜欢的质数。加上复原状态，魔方一共有 43 252 003 274 489 856 000 种状态。
- 905 是个有趣的整数。实际上，大多数奇数可以写成一个质数和一个 2 的幂之和：3=2+1、5 =3+2、7=3+4、9=7+2、11=7+4、13=5+8、15=7+8、17=13+4、19=3+16、21=5+16，等等。例外情况往往被称为 "顽固数"。顽固数存在无穷多个，但密度很小。整数 905 是最小的顽固合数。

协作的成果

该字典不仅仅是两位作者的成果，而是基于网站 "质数猎奇"（Prime Curios，网址：http://primes.utm.edu/curios/）上不断耐心积累起来的丰富内容。

人人都可以为这个网站做贡献。多年来，整个爱好者社群不断扩充它的内容。刚刚出版的字典内容源自 2009 开展的一次网站最佳发现精选。字典可供人们随身携带，在地铁、医院候诊室、海滩、邮局排队等场合打发时间。你可以一次只阅读一个段落，随意选取一个词条，慢慢品味最有趣的特性。即使在工作时，你也可以悄悄在网站上继续探索，用主页上的 "随机" 功能发掘 "质数猎奇" 数据库每天不断丰富的数字和定义。

也许你也希望成为网站贡献者中的一员，看到自己提出的质数生成全新页面，页面上还登载着自己的名字。那你必须构思一个不超过 100 个字符的新定义，给出一个与质数相关的数字。当然，这条特性不能是别人之前已经提出过的。

两位网站负责人——也是书的合著作者，都有各自的角色。霍内克负责内容编辑，也是这个有着十五年左右历史的数字收集项目的创始人。

他来确定是否接受一条新的建议，并撰写包含定义的页面。卡尔德威尔的角色是技术编辑，负责处理网站信息，尤其是数据的展示方式、生成索引的程序以及备份工作。

如果不是互联网造就了出色的协作机制，收集工作就无法获得现今的丰硕成果。计算机科学和网络的出现促进了全新形式的数学活动，推动了数学知识的发展。截至 2014 年 1 月 16 日，一共收集到关于 9206 个奇特质数的 14 259 条知识（相同的数字往往有不同的知识点）。正如作者所述，还有无限的空间供人们自由探索。

1. 妙趣横生的质数313

每个比较小的质数当然都具备独特的性质。但在三位数的质数里，313格外有趣。下面就是它的几条独特性质：

- 313是一个回文质数（从左向右和从右向左一样）；
- 313在二进制下也是回文：100 111 001。更令人惊讶的是，十进制下的100 111 001也是一个回文质数；
- $10^{313}+313$也是一个质数；
- 313是两个连续数字的平方和：$313=12^2+13^2$；
- 若随机选313个人，其中5个人生日相同的概率超过50%，313是具有这条性质的最小数字；
- 313是五进制下最小的"易损质数"，写成五进制，只要任意改变一位数字，就总能得到合数；
- 自1938年出现在迪士尼漫画以来，唐老鸭的车牌号码一直就是313；
- 将313中的1和3交换，得到131，也是一个回文质数；
- $313(x^3+y^3)=z^3$是一个独特的方程，因为最小的整数解包含超过1000位数字；
- 313是第七个各位数字之和为7的质数；
- 1/313得出的小数部分序列，在第313位小数之前都没有重复；
- 其他特性参见：http://primes.utm.edu/curios/page.php?short=313。

当然，著名的贝谢姆巴赫矛盾陷阱也适用于该网站：任何数字都有资格被收录进"质数猎奇"数据库。最小的缺失数因为不在其列而变得更加特殊，于是，也应该位列其中。但这只是个玩笑，由于最小缺失数字的选择会随时间不断变化，卡尔德威尔和霍内克只是简单地决定不把它作为一个独特数字列入库中——这便绕过了矛盾。

编程练习题

网站的另一个优势是提供了一个素性检测算法：http://primes.utm.edu/curios/includes/primetest.php。对于整数的因数分解，我们向你推荐网页：http://www.alpertron.com.ar/ECM.HTM，特别快速有效。该算法让你可以对自己的想法进行测试，并帮助你开展研究，从而找出有趣的质数。字典和网站对编程爱好者和教师很有用，教师更是可以从中找到新颖别致的计算机练习题。

下面有三个编程练习题，就直接来自于该字典。

❏ 编程找出最小质数 p 满足 p 及其后一个质数 p' 仅由立方数（0、1、8）构成。答案是 100 801，后一个质数是 100 811。

❏ 找出由六个连续质数构成的序列 p_1、p_2、p_3、p_4、p_5、p_6 的第一个质数 p_1，数列中每一个质数各位数字之和相等，且为质数。答案是 354 963 229，各位数字之和为 43，之后的五个质数是 354 963 283、354 963 319、354 963 337、354 963 373、354 963 391，每一个质数的各位数字之和都为 43。

❏ 找出非 0 结尾且有四种不同方法写成两个不同质数平方和的最小整数。答案是 39 338，$39\ 338 = 23^2 + 197^2 = 97^2 + 173^2 = 107^2 + 167^2 = 113^2 + 163^2$。

我们稍稍一想就能得出结论：这个字典应该被视为一个没有给出证明的数学定理大集合。大多数情况下，我们需要用到计算机运行程序来检查各种论断的正确性。若直接用纸笔来证明，要么完全不可能，要么需要太多的时间和耐心。

A. 优质数：根据定义，优质数严格大于前一个质数和后一个质数的几何平均数，即$(P_n)^2 > P_{n-1}P_{n+1}$，包括5、11、17、29、37、41、53、59、67、71、97、101、127、149、179、191、223、227、251、257、269、307、311、331、347、419、431、541、557、563、569、587、593、599、641、727……

B. 斐波那契质数就是斐波那契数列（F(0)=1，F(1)=1，对于$n>1$有F(n+2)=F(n)+F(n+1)）中的质数。2、3、5、13、89、233、1597、28 657、514 229、433 494 437、2 971 215 073、99 194 853 094 755 497、1 066 340 417 491 710 595 814 572 169、19 134 702 400 093 278 081 449 423 917……

C. π质数是考虑数字π=3.14159265358979323846264338 3……的前n位数字而找到的质数。如今我们已知7个（这里只给出前几个的结果），对应于n=1(3)、2(31)、6(314 159)、38、16 208、47 577、78 073。对应于78 073的质数发现于2006年。

D. 阶乘质数：$n!+1$或$n!-1$形式的质数。$n!-1$形式的质数对应于n的以下取值：3、4、6、7、12、14、30、32、33、38、94、166、324、379、469、546、974、1963、3507、3610、6917、21 480、34 790。

$n!+1$形式的质数对应于n的以下取值：0、1、2、3、11、27、37、41、73、77、116、154、320、340、399、427、872、1477、6380、26 951。我们已知的数字仅限于此，因为阶乘函数递增很快，使得对表达式$n!+1$或$n!-1$生成的数字做素性检测变得十分困难，甚至完全不可能。

自动化证明

这个字典和网站可以被认为是算术命题的集合，数学家若不能用计算机探索这类数学真理，就无法独立证明其中的命题。也就是说，这是一个已被计算机证明却无法人工证明的数学结论数据库。

1 025 327

包含且仅包含所有非合数的最小"数质"（将各位数字倒过来依然是质数）。

37 330 116 097

它加上之后的2个质数（3个质数之和）得到一个新的质数111 990 348 347。

这个数字再加上之后的4个质数（五个连续质数之和）得到一个新的质数。

依次类推，直到19个质数之和，结果总能得到质数。

122 334 444 555 553

包含1个"1"、2个"2"、3个"3"、4个"4"、5个"5"的最小质数。

7 469 789

两者均为易损质数的连续质数对中的前一个数（若改变某质数的任意一位数，总能得到合数，则该质数为易损质数）。

7 284 717 174 827

这个回文（从左到右和从右到左一样）质数写成二进制依然是回文质数：1 101 010 000 000 011 010 111 110 101 100 000 000 101 011。另外，其十进制长度13和二进制长度43均为质数。

14 444 999 999 999

非零平方数（1、4、9）按其数值本身的次数重复并相接而成的一个质数。

1 311 753 223 571 113

将13到2的质数降序排列相接，再升序排列相接，13、11、7、5、3、2、2、3、5、7、11、13，即可得到这个质数。某种意义上，这也是一种回文。

37 104 124

虽然不是质数，但十分有趣，因为它等于3！×7！×1！×0！×4！×1！×2！×4！与小于37 104 124的质数数目之和。它是已知唯一具有该性质的数字。

172 909 271

包含著名的拉马努金数1729（用两种方法写成两个数平方和的最小数字，$1729 = 1^3 + 12^3 = 9^3 + 10^3$）的最小回文质数。

15 618 090

等于2×3×5×487×1069，并非质数，却是质因数分解包含且仅包含一次所有10个数字的最小整数。

1873

夏尔·埃尔米特在1873年证明了数字e是一个超越数。

3 778 888 999

乘法韧性为10的最小质数。数字的乘法韧性是将其用各位数字乘积代替，结果稳定之前所需经过步骤的数目。

因此721→14→4→4，则721乘法韧性为3。

16 719

16 719世纪将会是第一个没有任何质数年的世纪。

619 737 131 179

满足其中连续两位数总得到质数且由此得到的所有质数各不相同的最大数字。

1000···00081918000···0001

（总共1001位数）。超过1000位数的最小回文质数。

计算机科学在该字典中起到的作用不仅是在爱好者之间做协调，或是整理结论数据库。计算机科学在对所选的数千条特性——进行研究、证明和检测的过程中同样起到核心作用。数学和计算机科学之间的联系越来越紧密，在趣味数学领域也是如此。

最多产的独特质数贡献者光荣榜上有九位爱好者的名字，每人有超过 200 条贡献。排名第一的贡献者是西亚姆·森德·古巴达，为字典贡献了逾 600 个条目。第二名是乔纳森·沃斯·博斯特。我们不得不钦佩他们取得如此成果所付出的大量编程工作和耐心，以及他们拥有的超强创造力。

最让人惊讶的独特数字还包括了"可执行质数"。质数都可以写成二进制，在某些情况下就表现为一段针对特定机器的计算机程序。

采用一个字节（8 比特）指令的最常见微处理器是 x86 系列。最小的指令就是数字 195 对应的指令，执行 RET（return）。这个字节可以写在 ".com" 类型文件中，构成一个 DOS（Windows）机器的可执行程序。可惜 195 不是质数。

菲尔·卡莫迪仔细研究了这个问题，并给出三个最小的可执行质数：
$38 \times 256 + 195 = 9923$、$46 \times 256 + 195 = 11\ 971$、$47 \times 256 + 195 = 12\ 227$。它们
并不能执行什么有意义的运算，却是货真价实的程序。

第一个能进行有意义运算（和之前规则相同）的可执行质数在十进
制下有 1811 位数，开头是 493 108 359 702 850 190 027 577 767 239 076
495 728 490 777 215 020（完整数字参见：http://primes.utm.edu/curios/
page.php?number_id=1214）。

该数字的二进制表达式等价于夏乐·哈诺姆编写的一个实现
DECSS 的小程序，用来对采用内容加扰系统（CSS）的视频 DVD 进行

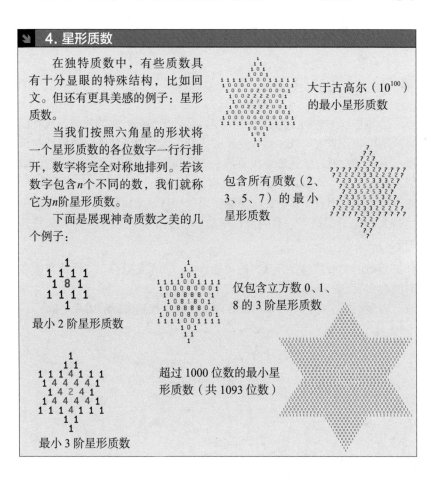

4. 星形质数

在独特质数中，有些质数具有十分显眼的特殊结构，比如回文。但还有更具美感的例子：星形质数。

当我们按照六角星的形状将一个星形质数的各位数字一行行排开，数字将完全对称地排列。若该数字包含n个不同的数，我们就称它为n阶星形质数。

下面是展现神奇质数之美的几个例子：

大于古高尔（10^{100}）的最小星形质数

包含所有质数（2、3、5、7）的最小星形质数

最小 2 阶星形质数

仅包含立方数 0、1、8 的 3 阶星形质数

超过 1000 位数的最小星形质数（共 1093 位数）

最小 3 阶星形质数

解码。基于相同思路，人们又找到了一个十进制下有914位数的质数，能得出一个不被允许分发的程序。

在某种程度上，这也算一个非法质数。不过，"质数猎奇"网站并没有因为收录了这个非法质数而受到困扰。看来，传播这个数字并不十分危险！

但是，按照相同的思路，我们大可生成一个质数，若谁敢发布它，就真的会受到责罚。比如写一小段侮辱法国总统或激起民族仇恨的话，然后，将其以ASCII码写成二进制。得出的数字可能并不是质数，但只要按需求系统地在后面加几位数字，就可以得到一个质数。这下就真地发现一个非法质数了。这种找法一定可行：实际上，根据瓦茨瓦夫·谢尔宾斯基定理，对任何数字序列 s，都存在以 s 开头的质数。

将你的姓名放进质数中，会怎样？

你也可以用相同方法找到一个以自己姓名编码开头的质数，或者以喜欢的诗句开头的质数。寻找这样的质数可能会受到的唯一限制就是长度。由于只能通过尝试来寻找质数，你必须使用素性检测算法来确保结果正确。对于100位以下的数字没有太大问题。然而对于更长的数字，则不得不满足于概率算法，该算法指出一个数字是质数时，将不可避免地带有一定错误概率。我们可以尽量减小这个错误概率，却无法将其消除。

质数的游戏依然存在众多的可能性……如果你觉得在这上面花太多时间会很无聊，请看尼古拉·罗巴切夫斯基怎么说："不管一个数学领域有多么抽象，有朝一日都可能在现实世界中找到实际的用武之地。"

蜥蜴数列及其他发明

艾力克·安吉利尼对埃拉托斯特尼在两千三百年前发明的"埃拉托斯特尼筛法"加以延伸，并重新审视了富可敌国却又无比残暴的罗马将军克拉苏实施的"十一抽杀律"中所隐含的特性。

在数学教学中，老师常常或总是不得不在明确划定的范围内，将一些必备知识简化后教给学生。于是，数学课仅仅讲授一些计算方法，最多不过教一些推理方法。这样做的好处是，学生稍稍用功就能得到不错的分数，学生、家长和老师都满意。可惜的是，简化教学导致这门学科变得无聊又缺乏想象力，与数学的本质背道而驰。数学拥有一个无比广阔的创意空间和自由发挥的研发疆域，它不停地超越自身，探索未知世界。令人惊讶的是，崭新的概念有时却十分简单，出乎意料的问题更是层出不穷。在这些问题中，有的需要创造力和不懈努力来解答，有的则无法用现有方法破解，必须对研究方法不断完善。

⬊ 1. 艾力克·安吉利尼对数列的爱好

出于对数列的爱好，安吉利尼前去参加了OEIS第十万个整数列的庆祝盛会。OEIS指的是在线整数列百科全书（*On-Line Encyclopedia of Integer Sequences*），致力于研究数学上有意义的整数列，包含超过十万个数列。数学家内尔·斯隆在1960年还是学生的时候，为了协助团队数学研究创建了百科全书。"潜力文学工坊"（Oulipo）的创始成员弗朗索瓦·勒里奥内和雷蒙·格诺凭借对s-加和数列的研究也对OEIS有所贡献。艾力克·安吉利尼参与了Oulipo列表的工作，这是众多数列的灵感来源。伊丽莎白·沙蒙丹为安吉利尼的生日写了一首包含他名字的藏头诗《艾力克·安吉利尼五十岁生日》（*Les cinquante ans d'Éric Angelini*），诗中每一句又由与诗名相同的字母构成。另外，吉勒·埃斯波兹多法莱斯以双向文字和准回文《他的年纪为L》（*Il a l'âge égal à L*）向他致敬。

艾力克·安吉利尼五十岁生日

Éric qui est-il nain dans ce Glénan
Risquant l'indigence alsacienne
Il écrit dans quel ancien sang nié
Cinna l'ange désincarné qui est-il
Ancien quel sang l'incise rida net
Nest-il que le cancanier si gandin
Grandi à la science qu'en tennis il
Encadre qu'il signe Caïn en lisant
L'écran ni délinquance ni tissage
Il écrit quand l'ancienne assigne
Ne sait-il quel grain d'encens inca
Il a cinquante années gris déclin
...

伊丽莎白·沙蒙丹

就连上千年历史的数列领域也不断涌现出全新的简单想法，引出很难回答的问题。我们将要介绍艾力克·安吉利尼发明的两种数列，恰恰展示了数学精神永不枯竭的创新活力。即便在基础算术领域，这种精神也能迸发出才华横溢的创新。

质数之后：第二数 [1]

公元前3世纪希腊数学家埃拉托斯特尼发明了名为"埃拉托斯特尼筛法"的质数计算方法，即质数的算法定义。其原理分成三个步骤。

A. 考虑大于1的整数。其中"第一个"，按照定义，就是"第一数"（质数）。

B. 然后将不能被已经找出的"第一数"（质数）整除且大于已经找出的"第一数"（质数）的"第一个"整数称为"第一数"（质数）。

注1　法文"质数"（nombres premiers）字面上有"第一数"的意思。——译者注

C. 只要可能，重复之前的运算。这样，就定义了"第一数"（质数）数列。

取所有大于 1 的整数：

2, 3, 4, 5, 6, 7, 8, 9, 10, 11, 12, 13, 14, 15, 16, 17, 18, 19, 20, 21, 22, 23, 24, 25, 26, 27, 28, 29, 30, 31, 32, 33, 34, 35, 36, 37, 38, 39, 40, 41, 42, 43, 44, 45, 46, 47, 48, …

用蓝色标出这些数的第一个数"2"，它将是最小质数。用红色标出其他 2 的倍数，将不能作为质数（我们也可以将它们从列中取出，但为了更好观察方法及其推广而将它们以红色保留）。

2, 3, 4, 5, 6, 7, 8, 9, 10, 11, 12, 13, 14, 15, 16, 17, 18, 19, 20, 21, 22, 23, 24, 25, 26, 27, 28, 29, 30, 31, 32, 33, 34, 35, 36, 37, 38, 39, 40, 41, 42, 43, 44, 45, 46, 47, 48, …

根据 B，数字 3（2 之后第一个还是黑色的数字）是一个质数。将 3 用蓝色标出，将未标红的 3 的倍数用红色标出。

2, 3, 4, 5, 6, 7, 8, 9, 10, 11, 12, 13, 14, 15, 16, 17, 18, 19, 20, 21, 22, 23, 24, 25, 26, 27, 28, 29, 30, 31, 32, 33, 34, 35, 36, 37, 38, 39, 40, 41, 42, 43, 44, 45, 46, 47, 48, …

还是根据 B，数字 5（3 之后第一个还是黑色的数字）是一个质数，将它用蓝色标出，并将未标红的 5 的倍数用红色标出。

2, 3, 4, 5, 6, 7, 8, 9, 10, 11, 12, 13, 14, 15, 16, 17, 18, 19, 20, 21, 22, 23, 24, 25, 26, 27, 28, 29, 30, 31, 32, 33, 34, 35, 36, 37, 38, 39, 40, 41, 42, 43, 44, 45, 46, 47, 48, …

依次类推，我们得到蓝色的质数列表。

2, 3, 4, 5, 6, 7, 8, 9, 10, 11, 12, 13, 14, 15, 16, 17, 18, 19, 20, 21, 22, 23, 24, 25, 26, 27, 28, 29, 30, 31, 32, 33, 34, 35, 36, 37, 38, 39, 40, 41, 42, 43, 44, 45, 46, 47, 48, …

实际当中，如果我们想找出一直到 N 的质数，只需要将蓝色标记进行到 N 的平方根，因为到时候所有不是红色的数字都是质数。这是因为，如果一个整数是合数，$N=a.b$，且 $a>1$，$b>1$，则 a 和 b 至少有一个小于等于 N 的平方根。今天人们依然使用埃拉托斯特尼筛法来寻找完整的质数列表。

质数

2, 3, 5, 7, 11, 13, 17, 19, 23, 29, 31, 37, 41, 43, 47, 53, 59,61, 67, 71, 73, 79, 83, 89, 97, 101, 103, 107, 109, 113, 127,131, 137, 139, 149, 151, 157, 163, 167, 173, 179, 181, 191,193, 197, 199, 211, 223, 227, 229, 233, 239, 241, 251, 257,263, 269, 271, 277, 281, 283, 293, 307, 311, 313, 317, 331,337, 347, 349, 353, 359, 367, 373, 379, 383, 389, 397, 401,409, 419, 421, 431, 433, 439, 443, 449, 457, 461, 463, 467,479, 487, 491, 499, 503, 509, 521, 523, 541, 547, 557, 563,569, 571, 5769, 773, 787, 797, 809, 811, 821, 823, 827,829, 839, 853, …

第二数

3, 5, 8, 13, 17, 22, 28, 31, 38, 43, 47, 53, 59, 67, 73, 77, 82,89, 97, 101, 107, 113, 121, 127, 133, 139, 148, 151, 158,163, 167, 179, 191, 197, 203, 209, 218, 227, 233, 241, 251,257, 262, 269, 274, 281, 284, 293, 307, 313, 317, 322, 332,343, 347, 353, 361, 367, 379, 386, 397, 401, 409, 419, 422,431, 437, 443, 449, 457, 461, 467, 479, 491, 499, 509, 521,526, 541, 547, 553, 557, 566, 571, 581, 7, 587, 593, 599,601, 607, 613, 617, 619, 631, 641, 643, 647, 653, 659, 661,673, 677, 683, 691, 701, 709, 719, 727, 733, 739, 743, 751,757, 761, 7593, 599, 607, 617, 622, 631, 643, 653, 661, 667,673, 677, 691, 698, 703, 718, 721, 727, 739, 746, 757, 763,769, 778, 781, 796, 809, 821, 827, 839, 842, 853, 857, 863,869, 878, 883, 892, 911, 916, 919, 929, 941, 947, 956, 967,974, 983, 994, 1006, 1013, 1021, 1033, 1043, 1049, 1058,1063, 1073, 1087, 1093, 1099, 1108, 1117, 1126, 1129, …

第三数

4, 7, 11, 17, 23, 27, 31, 39, 45, 53, 59, 67, 74, 82, 87, 95,103, 111, 122, 127, 131, 141, 146, 151, 163, 169, 178, 183,193, 199, 211, 215, 223, 229, 237, 247, 251, 263, 271, 278,290, 298, 307, 314, 325, 334, 342, 349, 358, 362, 369, 377,383, 394, 401, 415, 421, 433, 445, 454, 463, 470, 479, 485,498, 503, 514, 523, 537, 543, 551, 559, 565, 571, 582, 591,601, 611, 617, 625, 634, 642, 653, 659, 673, 678, 685, 695,703, 710, 719, 725, 734, 745, 750, 758, 771, 778, 787, 794,807, 817, 822, 829, 838, 843, 857, 863, 877, 881, 887, 898,909, 919, 925, 934, 941, 951, 963, 974, 982, 991, 998,1011, 1018, 1025, 1033, 1041, 1051, 1063, 1070, 1079,1087, 1093, 1097, 1109, 1119, 1129, 1138, …

第四数

5, 9, 14, 21, 26, 33, 39, 46, 51, 59, 67, 73, 79, 87, 93, 101,109, 116, 123, 129, 137, 143, 152, 163, 169, 178, 187, 193,203, 212, 221, 227, 239, 247, 253, 259, 269, 278, 284, 293,301, 311, 318, 328, 334, 343, 349, 359, 367, 377, 383, 391,398, 409, 419, 427, 437, 446, 452, 461, 471, 482, 491, 498,503, 514, 523, 529, 541, 547,

559, 566, 577, 583, 592, 599, 611, 618, 628, 634, 642, 653, 664, 673, 679, 688, 694,
703, 713, 722, 731, 743, 752, 761, 769, 778, 787, 793, 802, 814, 824, 833, 842, 849,
857, 866, 883, 889, 899, 907, 916, 923, 932, 941, 951, 967, 974, 983, 992, 1004,
1013, 1021, 1034, 1041, 1049, 1057, 1067, 1079, 1086, 1093, 1103, 1117, 1126,
1133, 1146, 1156, 1164, 1174, 1182, 1191, 1202, 1211, 1219, 1229, 1238, 1252,
1261, 1267, 1282, 1291, …

几年前，艾力克·安吉利尼提出按照几千年的 A–B–C 定义把"第一"这个词替换成"第二"或"第三"，等等。质数的基本定义被延伸，引出了第二数、第三数等定义。奇怪的是，这些定义在 2006 年以前似乎从未有人提及！

我们来看看第二数，其定义由埃拉托斯特尼筛法的推广给出：

A. 考虑大于 1 的整数。其中"第二个"，按照定义，就是"第二数"；

B. 然后将不能被已经找出的"第二数"整除且大于已经找出的"第二数"的"第二个"整数称为"第二数"；

C. 只要可能，重复之前的运算。这就定义了"第二数"数列。

一开始取所有大于 1 的整数：

2, 3, 4, 5, 6, 7, 8, 9, 10, 11, 12, 13, 14, 15, 16, 17, 18, 19, 20, 21, 22, 23, 24,
25, 26, 27, 28, 29, 30, 31, 32, 33, 34, 35, 36, 37, 38, 39, 40, 41, 42, 43, 44,
45, 46, 47, 48, …

用蓝色标出这些数的第二个数"3"，它将是最小第二数。用红色标出其他 3 的倍数，将不能作为第二数。

2, 3, 4, 5, 6, 7, 8, 9, 10, 11, 12, 13, 14, 15, 16, 17, 18, 19, 20, 21, 22, 23, 24,
25, 26, 27, 28, 29, 30, 31, 32, 33, 34, 35, 36, 37, 38, 39, 40, 41, 42, 43, 44,
45, 46, 47, 48, …

3 之后第二个未标红的数字是 5，按照定义，是一个第二数。将 5 用蓝色标出，将未标红的 5 的倍数用红色标出。

2, 3, 4, 5, 6, 7, 8, 9, 10, 11, 12, 13, 14, 15, 16, 17, 18, 19, 20, 21, 22, 23, 24,
25, 26, 27, 28, 29, 30, 31, 32, 33, 34, 35, 36, 37, 38, 39, 40, 41, 42, 43, 44,
45, 46, 47, 48, …

5 之后第二个未标红的数字是 8，按照定义，是一个第二数，将 8 用蓝色标出，并将未标红的 8 的倍数用红色标出。

2, 3, 4, 5, 6, 7, 8, 9, 10, 11, 12, 13, 14, 15, 16, 17, 18, 19, 20, 21, 22, 23, 24, 25, 26, 27, 28, 29, 30, 31, 32, 33, 34, 35, 36, 37, 38, 39, 40, 41, 42, 43, 44, 45, 46, 47, 48, ⋯

我们就这样得到蓝色的第二数列表。

2, 3, 4, 5, 6, 7, 8, 9, 10, 11, 12, 13, 14, 15, 16, 17, 18, 19, 20, 21, 22, 23, 24, 25, 26, 27, 28, 29, 30, 31, 32, 33, 34, 35, 36, 37, 38, 39, 40, 41, 42, 43, 44, 45, 46, 47, 48, ⋯

因其构造方法，两个连续第二数之间有一个依然是黑色的数字。我们注意到，该定义不保证这个过程可以无限继续下去。一旦计算过程中最后一个蓝色数字之后的数字都已标红，就可能无法继续进行了：于是我们将可能只得到有限个第二数。我们之后将回头再看这个问题。

"第二数、第三数、第四数……"给出了一直到 1000（还多一些）的第二数。内尔·斯隆的数列百科全书（http://oeis.org）已将该数列收录，编号为 A123929。

复制规则 A–B–C，将其中的"第一"换成"第三"就是"第三数"的定义，由相同的蓝、红、黑整数标记方法得出，两个蓝色的第三数之间恰好有两个依然是黑色的数字。同一框内文字也给出了第三数、第四数、第五数列表的开头部分。

当然，尽管这些数列看起来是质数列简单、明了的推广，但它们似乎并不像质数列那样具有基础性地位，而质数列则是整个算术的核心，并对整个数学科学具有重大意义。

首先，质数列可以用很多种不同的方法定义，比如说，质数是一个大于 1 且只能被 1 和它本身整除的数字。而对第二数（或者第三数等），我们只知道艾力克·安吉利尼推广埃拉托斯特尼筛的定义。也许其他的第二数（或第三数等）的定义是存在的，但今天尚无人知晓。

将一个重要而古老的数学概念加以延伸是一件有趣的事情。众多问题由此萌发，其中最基本的当然是"无穷性"问题。自欧几里得开始，质数的无穷性已是众人皆知的事实，并且已被证明。这对第二数（第三数等）也成立，因为这是质数无穷性的推论。

算术的新时代？

比如，让我们来证明第二数的无穷性：只需证明红色标记方法每一次至少会在最大的蓝色数字之后留下两个黑色数字，就能保证筛法在 B 步骤过程中永远不会受阻。这是显而易见的，因为质数只能被标记成蓝色：标红的数字是其他数字的倍数，因此不可能是质数。在计算过程中的任意时刻，只有有限个数字被标记为蓝色，也就是说，还有无穷个黑色质数，即最后一个蓝色数字之后还有无穷个黑色数字，当然就满足了最少有两个黑色数字的条件。所以，标记过程永远不会结束，第二数有无穷多个。

我们对质数的认识远远不止其无穷性。比如阿达玛和德·拉瓦莱普森在 1896 年证明的素数定理指出：n 附近的质数密度约为 $1/\ln(n)$。由于 $\ln(10^9)$ 等于 $20.7232\cdots$，我们可以推导出在十亿附近，大约 21 个数字里就有一个是质数。

该定理能否推广至第二数、第三数等？以怎样的形式推广？数学家凭借现有的理论能否轻而易举地处理这个问题？这给数论专家，以及那些想抢先找出相关特性准确描述的专业或业余冒险家提出了挑战。我们的老朋友计算机当然也可能在这项研究工作中发挥作用。

这些新的数字也引出了众多其他问题，下面就是几个例子。

❏ 既是质数又是第二数的数字是否有很多？怎么能够找出来？

❏ 对既是第二数又是第三数，或者同时是质数、第二数、第三数等等的数字也有同样的问题。

❏ 第二数（或第三数等）因数分解的概念是否有意义？如果是，这样的分解有何特性？

❏ 任意足够大的偶数是否为两个第二数之和（对哥德巴赫猜想的

推广）？奇数又如何？

❑ 是否存在多项式时间"第二性"检测算法（对 Agrawal-Kayal-Saxena 算法在 2002 年证明的多项式时间素数检测算法存在定理的推广）？

长期以来，艾力克·安吉利尼一直对自身参照颇感兴趣（参见其网站 http://www.cetteadressecomportecinquantesignes.com/）[1]，并提出了另一类全新数列——奇特而极具魅力的"十一抽取数列"。

或许有人听说过"十一抽杀律"。古罗马将军马库斯·李锡尼·克拉苏发明了这一骇人听闻的酷律来惩罚逃兵，最终在罗马军队中引发了众怒。数列的十一抽取操作就是从数列中每十项中抽取一项，就像克拉苏从十人一组的士兵中抽选一人处死。从数列 $s_1, s_2, s_3, s_4, s_5, s_6, s_7, s_8, s_9, s_{10}, s_{11}, s_{12}, s_{13}, s_{14}, s_{15}, s_{16}, s_{17}, s_{18}, s_{19}, s_{20}, s_{21}, s_{22}, \cdots$ 中，每十项抽取一项，即 s_{10}, s_{20}, s_{30}，得到：$s_1, s_2, s_3, s_4, s_5, s_6, s_7, s_8, s_9, s_{11}, s_{12}, s_{13}, s_{14}, s_{15}, s_{16}, s_{17}, s_{18}, s_{19}, s_{21}, s_{22}, \cdots$

按照定义，十一抽取数列 S 是一个"非常数数列"，十一抽取操作后留下的数列和初始数列相同，另外抽取的数列（$s_{10}, s_{20}, s_{30}, \cdots$）也与初始数列相同。若将数列 S 每十项取一项得到的数列记为 $S/10$，S 所受到的约束就可以用符号写为下面的双重等式：$S=S/10=S-S/10$。

这是很强的条件，乍一看似乎不大可能存在这样的数列。然而，十一抽取数列的确存在，艾力克·安吉利尼提出了一种一般构造方法，也是一种可以将其全部找出的方法（参见"十一抽取数列"）。

我们来检验这种独特的十一抽取数列之一 S：

1 2 3 4 5 6 7 8 9 1 1 1 1 1 1 1 1 1 1 2 1 2 1 2 1 2 1 2 1 3 2 1 3 2 1 3 2 1 3 4
2 1 3 4 2 1
3 4 2 5 1 3 4 2 5 1 3 4 2 6 5 1 3 4 2 6 5 1 3 7 4 2 6 5 1 3 7 4 2 8 6 5 1 3 7 4
2 8 6 9 5 1
3 7 4 2 8 6 9 1 5 1 3 7 4 2 8 6 9 1 1 5 1 3 7 4 2 8 6 1 9 1 1 5 1 3 7 4 2 1 8 6
1 9 1 1 5 1
3 1 7 4 2 1 8 6 1 9 1 1 1 5 1 3 1 7 4 2 1 1 8 6 1 9 1 1 1 5 1 1 3 1 7 4 2 1 …

注 1　该网址的字面意思是："这个网址包含五十个字符"。——译者注

3. 十一抽取数列

十一抽取数列如下（参见书页底部展示的数列 I、II、III）：

(a)若从数列中每十项抽取一项（第10项、第20项、第30项等），我们抽掉的就是数列(III)，它与数列(I)相同；并且

(b)抽掉那些项之后剩下的数列(II)，也与初始数列相同。

让我们来构造一个数列(I)，比如先确定前9个数字：123456789。

第10项必须为1，因为按照(a)，它是被抽取的数列之首，必须与原数列本身相同：1234567891。

第11项为1，因为按照(b)，当我们抽掉第10项时应该得到相同的数列，而抽掉第10项后，第11项就取代了第10项的位置。所以有：12345678911。

一步一步地，类似推理让我们不得不在第12、13、14、15、16、17、18、19项的位置放置1：12345678911111111111。

第20项按照(a)必须为2：123456789111111111112。

第21项按照(b)必须为1，第22项为2，依次类推：12345678911111111112121212121213213213…

就这样一步一步地，这个数列完全由前9项确定下来。

下面是该数列的前1000项：

1234567891	1111111112	1212121213	2132132134
2134213425	1342513426	5134265137	4265137428
6513742869	5137428691	5137428691	1513742861
9115137421	8619115131	7421861911	1513174211
8619111511	3174211861	1911151131	1742118612
1911151131	1174211862	1219111511	1311174212
1862121911	1151113112	1742121861	2121911112
5111311211	7421218613	2121911112	2511131121
1174212183	6132121912	1112251111	3112111743
2121836132	2121912111	1225111133	1121117434
2121836132	2212191211	1112251113	1331121114
7434212182	3613222121	1912111113	2251113134
3112111472	4342121825	3613222121	1191211113
1322511134	1343112112	1472434215	2182536131
2221211193	1211113134	2251113412	3431121126
1472434215	5218253611	3122212113	1931211114
3134225112	1341234316	1211261475	2434215521
1825361133	1222121137	1931211114	4313422512
1213412346	3161211265	1475243421	1552118253
3611331227	2121137194	3121111442	3134225128
1213412346	6316121125	6514752431	4211552113
8253361137	3122721214	1371943122	1111442318

3422512816	2134123469	6316121125	5651475241
3142115523	1138253367	1137312274	2121413712
9431221118	1442318346	2251281629	1341234691

取每一组十个数字的最后一个（红色），便重新得到原本的数列，另外，将其去掉后剩下的数列也是原本的数列。

由 S 中每十项抽取一项得出的蓝色数列与 S 相同，若将其去掉，剩下的数列也与 S 相同。

我们通过仔细审视定义中的规则，得知完全不同的十一抽取数列的数目是有限的，因为规则指明了数列完全由其中的前 9 项决定。

这样的数列比其他任何数列都配得上分形数列这个称谓。实际上，十一抽取数列以双重方式包含在其自身当中：整体的复杂结构 S 两次由 S 构成，即一次以 1/10 尺寸的缩小形式，而另一次以 9/10 尺寸的缩小形式。

我们还可以将这样的数列称为"蜥蜴数列"，因为当它的尾巴（相当于本身的十分之一）被拽掉时，数列并没有真正产生变化，就和蜥蜴一样，尾巴还会再长出来。

十一抽取序列最奇特的地方就是，尽管我们有简单的定义和有效的计算方法，这个数列似乎仍无法预测，其整体特性似乎也很难确定，例如数字 1 的密度。

蜥蜴数列

我们或许面临着复杂世界特有的情况。在没有任何有效分析方法的前提下，为了认知更遥远的数列情况，再也找不到比按照定义系统计算出每一项更好的方法了——因为除了直接定义之外，再没有其他公式。目前，尚无法证明不存在能直接、有效地给出数列每一项的公式。而否定公式存在的想法也有可能是错误的。高人一等的数学家也许能破解错综复杂的数列，提出简单明了的定义。

除了每十项抽取一项，我们还可以每 9 项、每八项等等就抽取一项。最极端也是最有趣的方法就是每三项去掉一项。若每两项去掉一项，立刻就能看出数列一定是常数列，换句话说，双重等式 $S=S/2=S-S/2$ 的唯一解就是常数列。

数列不等式 $S=S/3=S-S/3$ 的解并不都是常数列。那些不是常数列的只用到两个数字，通过代换简化为二进制数列：

```
010001010010000101000011010000001110010000000
011101010100000000000101111001101001000000000
000000100110111011000111000010000100000000000
000000100110101011101101111000101011000000000
100000000000000001000001011001111010010001
101110101000000001000000000000000000000000000
100000000000000001000000001001100001001101
...
```

我建议把这个数列称为"二进制蜥蜴数列"，它因具备特别的分形特性而与众不同。如今，蜥蜴数列尚不为人所知，而且显得混乱无序、不可预测。然而，该数列并不是随机产生的，任何算法计算得来的数列都不是随机的，甚至不能被认为是伪随机数列，因为它包含的 0 明显比 1 多。对该数列前 100 000 项的计算指出，我们能找到 68 967 个 0 和 31 033 个 1。0 的个数和 1 的个数之比似乎呈收敛趋势。谁能证明这一点？这个比值如果存在极限，又会是多少呢？

在针对二进制蜥蜴数列提出的问题中，我们引述以下几个：

❏ 数列是否在某一项之后呈现周期性？（很可能不是，但怎样严格证明？）

❏ 数列是否包含任意长度的 0 的序列，或者相反，连续的 0 构成的序列是否存在最大长度？

❏ 数列是否是宇宙数列？（宇宙数列指的是一个任何 0 和 1 的有限序列都能在其中某处被找到的数列。我们有一个尚未证明的推断：π 写成二进制后，所有数字就构成一个宇宙数列，2 的平方根和很多其他无理数常数也一样。)

❑ 由蜥蜴数列中的数字给定的二进制实数是否像 π 和图 – 摩尔斯二
进制数列 0110100110010110…一样为一个超越数（这个数不是任
何整数系数多项式方程的解）？

尽管最后一个问题可能颇有难度，其他问题也许并非如此，我们可
以借助小小的计算机程序来试验求解。如果你也有有趣的发现，就像第
二数数列、第三数数列那样，请告诉我。这些数列都是近来才发现的，
美得让人无法忘怀。它们尚未被充分研究，这就为你名垂数学史册造就
了一个绝佳的机会……

4. 蜥蜴数列

若每三项抽取一项（第三项、第六项、
第九项等），取出的数列就是原数列本
身，剩下的数列也是原数列本身。这是唯
一具有这种分形特性、由0和1组成、以0开
头的数列。

0100010100100100101000011010000011110010
0000000011101010100000000000010111100110
1001000000000000001001101110110001110010000100 0
0000000000000011010101011101011100010101100001 00
0000100000000000000000001000001011001111010010011011110011
0101100010100100101000001000000001000000000000000000001000-
0000010011000010011011011000111…

该数列一分为二：

0100010100100100101000011010000011100100000000001110101010 00
0000000001011110011010100000000000000000010011011101…
和
010001010010000101010001101000001110010000000011101010100000000
00010111100110101000000000001001101110110001110010000100000
0000000000011010101011101011100010101100010000000010000
000000000000001000010101100011…

两者是同一个数列，并且与初始数列相同。

如下图，我们以50行、每行200个小方格（黑色为1，白色为0）来表示

蜥蜴数列的10 000项。这样的表示没有得到均匀的灰色，而是呈现浅色区域（0的密度更大）和深色区域（1的密度更大），我们在其中惊讶地发现一些用黑白两色模糊写成的难以置信的符号。既然无法辨认其中的秘密文字，我们说不定能试着从中找出一段音乐曲谱呢？

下面是几个分形图形，具有等价于蜥蜴数列的几何特性：我们从中去掉（与整体相似的）三分之一，留下的图形也与整体相似。

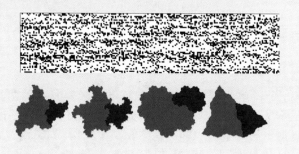

令人困惑的猜想

一些与数字相关的谜题十分奇异，而且难以处理，热衷于此的人们为了给出解答不惜花费数年时间来用运行计算程序。

藏在一个简单问题背后的答案有可能极其复杂，尤其在算术学领域：将数字 196 变成回文数就是一个很好的例子。问题似乎源自查尔斯·特里格于 1967 年发表在《数学杂志》（*Mathematics Magazine*, Vol.40, p.26-28）中题为"加法中的回文"（Palindrome in addition）的文章。不过，问题的起源有没有可能更早呢？

从一个十进制数 N 开始，将其各位数字倒置得到的数字，并与 N 相加。反复进行这样的操作，一般情况下就能得到一个回文数——数字从左向右和从右向左读起来相同。

若 N=13，有 13+31=44，这是一个回文数。N=1048，1048+8401=9449，这也是回文数。显而易见，加法如果没有发生进位，就能得到回文数。进位会影响回文的出现，但也不会有所妨碍，就像数字 29：29+92=121。

对 N=64，计算不能一蹴而就，64+46=110，并非回文。但是对结果 110 重复操作，就得到回文数：110+011=121。我们也顺便看到两个不同的整数 29 和 110，经过一步计算得到相同的回文数 121。

有时两步计算也不够。比如 N=87 就需要四步：第一步 87+78=165，第二步 165+561=726，第三步 726+627=1353，第四步 1353+3531=4884。

对于 N=89 计算就更长，需要 24 步计算才能得到回文数（参见"89 的计算"）。

对 100 以内的所有整数进行上述操作，总能得到回文数，而且大多数情况下计算步数也很少。于是，这让人产生一个想法：只要有耐心，也许对任何正整数重复进行倒置相加的运算都可以得出回文数。

1. $89 + 98 = 187$；2. $187 + 781 = 968$；3. $968 + 869 = 1837$；4. $1837 + 7381 = 9218$；5. $9218 + 8129 = 17347$；6. $17347 + 74371 = 91718$；7. $91718 + 81719 = 173437$；8. $173437 + 734371 = 907808$；9. $907808 + 808709 = 1716517$；10. $1716517 + 7156171 = 8872688$；11. $8872688 + 8862788 = 17735476$；12. $17735476 + 67453771 = 85189247$；13. $85189247 + 74298158 = 159487405$；14. $159487405 + 504784951 = 664272356$；15. $664272356 + 653272466 = 1317544822$；16. $1317544822 + 2284457131 = 3602001953$；17. $3602001953 + 3591002063 = 7193004016$；18. $7193004 + 6104003917 = 13297007933$；19. $13297007933 + 33970079231 = 47267087164$；20. $47267087164 + 46178076274 = 93445163438$；21. $93445163438 + 83436154439 = 176881317877$；22. $176881317877 + 778713188671 = 955594506548$；23. $955594506548 + 845605495559 = 1801200002107$；24. $1801200002107 + 7012000021081 = 8813200023188$（参见 http://www.jasondoucette.com/worldrecords.html）

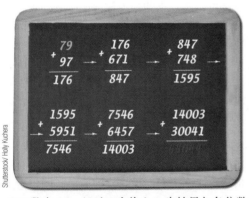

Shutterstock/ Holly Kuchera

2 **数字 79**。经过 6 次将上一步结果与各位数字倒置得到的数字相加，得到回文数 44 044。

为了证实这个论断，我们借助计算机依次考虑每一个数字，并进行系统性计算，直到对每一个整数找到一个回文数。直到数字 196 之前，一切进展顺利。而对 196，即便做了 50 步运算，也得不出回文数。100 步以后，仍旧没有。1000 步乃至 1 000 000 步以后，还是一无所获！

以 196 计算得出的数字长度规则增加。韦德·范·蓝丁汉是这个问题的爱好者，也是当今迭代计算的纪录保持者，他以难以置信的毅力对 196 进行了超过七亿步倒置相加计算。得出的整数包含超过三亿位数字……但还是没有发现回文数。

我们可以预见，这样的计算需要用到精巧设计、精心调校的计算机程序，以及很大的耐心来完成运行。超过 20 年的持续寻觅造就了当今的世界纪录。尽管计算机的计算能力实现了惊人飞跃（二十年来，同等价格计算机的计算能力增长了 10 000 倍），可持续运行数年之后，仍未能从 196 找出回文数。"196 的计算"详细介绍了众人为了计算 196 是否能得到回文数而做出的超人努力。

我们先试着提出一个猜想：

必然回文数猜想
任何整数经过重复倒置相加运算都能产生一个回文数。

同时，关于 196 的经验有理由让人相信：它构成了一个反例。于是人们提出了另一个猜想：

196 无限变化猜想
对数字 196 进行倒置相加运算永远不会产生回文数。

两个猜想之中最多只能有一个成立。若 196 能得出回文数，而另一个不同的数字却永远不能得出回文数，那么两个猜想都不能成立。

这个问题引出了著名的叙拉古猜想，也叫作考拉兹问题，至今一直未得到解答。在这个猜想中，N 若为偶数就除以 2，若为奇数就替换成 $3N+1$。这样数字 5 就依次变成 16、8、4、2、1。是否所有的 N 都最终得到 1？对直到 $1.25 \times 2^{62}=5.76 \times 10^{18}$ 的所有整数 N，该结果都已被证实，这是葡萄牙阿威罗大学的托马斯·奥利维拉·埃·席尔瓦在 2011 年 11 月创造的纪录。总能得到 1 的论断就是叙拉古猜想，这是数学爱好者以及某些专业人士最青睐的研究主题。

对于叙拉古猜想，固执的程序员希望找到引发循环的初始数字 N：几步计算之后将重新得到 N。这样的计算可以否定叙拉古猜想，计算的作者也能一夜成名！用倒置相加迭代不可能出现这样的循环，因为生成的数列是递增的。

在倒置相加迭代问题里，数学爱好者通过持续计算来寻找回文数，或许能够对 196 无限变化猜想做出判断（只要能计算得出回文数），而程序员却对解答必然回文数猜想不抱任何希望（与叙拉古猜想的情况相反）。即使从 196 得到回文数，也并不能就此说明其他无穷多数字的情况，没有任何计算能够明确断定其他数字也都能得出回文数。

3. 196的计算

寻找196回文数的漫长旅程中有几位英雄，他们的名字只会被本谜题的热情爱好者们所铭记。参见http://www.jasondoucette.com/worldrecords.html#196。

1987年8月，约翰·沃克用一台Sun 3/260计算机寻找196可能产生的回文数。他用C语言写的程序会在计算机空闲时运行。关机时程序会记下当前位置，以便在下一次开机时继续运算。计算机就这样运行了三年，并在1990年5月24日达到了程序员所指定的项，消息提示在2 415 836次迭代之后，结果已达到了一百万位的数字，却没有发现任何回文数。沃克将其终止点的详细信息发布到了互联网上，邀请其他程序员继续寻找一百万位数字之后的结果。

1995年，蒂姆·埃尔文接受了挑战，使用强大的计算机经过三个月的计算将纪录刷新到两百万位数字。

继而在2000年5月，杰森·杜塞特的计算达到了一千两百五十万位数字。

之后，韦德·冯·蓝丁汉采用杜塞特的程序和其他改进的程序，以更快的速度进展下去。他在2006年5月将结果从一千两百五十万位数字提高到三亿位数字的整数，但依然没有发现回文数。2011年10月2日，法国雷恩的罗曼·多尔博经过十亿次迭代计算达到四亿一千三百万位数的数字……却始终未能发现回文数。

计算的不足之处

为了解答必然回文数猜想，需要用到数学推理。与此同时，那些我们暂时忽略其倒置相加运算是否产生回文数的数字被称为利克瑞尔（Lychrel）数。这个名字的由来不得而知，但可能与包含相同字母的人名"Cheryll"有关。

利克瑞尔数列是内尔·斯隆数列百科（http://oeis.org）中的A023108号数列。前40项如下：196、295、394、493、592、689、691、788、790、879、887、978、986、1495、1497、1585、1587、1675、1677、1765、1767、1855、1857、1945、1947、1997、2494、2496、2584、2586、2674、2676、2764、2766、2854、2856、2944、2946、2996、3493。

这个数列与斯隆数列百科中的其他数列不同：它并不确定，随时有可能被更改。其实是某些数字，比如 196，在计算得到回文数后有可能被去除。更糟的情况，若必然回文数猜想成立，每一个数字都会被去除，最终利克瑞尔数列就将为空！

计算尽管无法解答必然回文数猜想，但对于提出能够求解的简单推理还是有帮助的。二进制的情况就是完美的例证，借助引导推理的计算，这个猜想在二进制下已经被否定（参见"二进制下猜想不成立"）。

从二进制下写为 10110 的 $N=22$ 开始，我们只需稍加注意就会发现，所得数列具有简单的规律性：每四次迭代，各位数字的排列就会重复出现。数学家发现这个规律性之后，轻松给出了证明。既然二进制下我们能证明 $N=22$ 永远无法产生回文数，回文数猜想在二进制下必然就不成立。找到一个初始数字，并通过推理证明它无法产生回文数。如今，通过这一方法已经解答的仅有 2^i（$i>0$）、11、17、20 和 26 进制问题，而每一次都得到了否定结论。

已解答的情况对十进制并无帮助。于是，数学爱好者们对倒置相加运算开展了详细研究，期待更好地了解真相，并找出特殊性质，从而解答必然回文数猜想和数字 196 的变化情况。

系统性地探索十亿个数字后，人们已经得出了数千个利克瑞尔数。这些寻找方法的原理就是：固定一个一般很小的界限 M，再来进行 M 次倒置相加运算，然后暂时认为若 M 步之后得不出回文数就永远得不出，于是推断初始整数 N 很可能就是一个利克瑞尔数。

↘ 4. 二进制下猜想不成立

二进制的情况说明，我们不该对在十进制下通过推理解答失去希望。数字22在二进制下写作10110，倒置相加得到：

```
  10110
+ 01101
 100011
```

重复计算，得出的结果数列如下：

10110
100011
1010100
1101001

10110100
11100001
101101000
110010101
1011101000
1101000101
10111010000
11000101101
101111010000
110010001101
1011110100000
1100001011101
10111110100000
11000100011101
101111101000000
110000010111101
1011111101000000
1100001000111101
10111111010000000
11000000101111101
101111111010000000

...

  我们注意到，每四步就重复出现一个数字排列，因此很容易证明如果无限继续下去，不会出现回文数。于是，在二进制下，从22开始的倒置相加计算的结果数列里不包含任何回文数。

  大卫·席尔的类似推理也以同样方式得出在2^i（$i>0$）、11、17、20和26进制下不包含回文数的无限数列。参见：http://www.mathpages.com/home/dseal.htm。

利克瑞尔数的寻找与计数

  "利克瑞尔数比例"的图表表明，1位数、2位数、3位数……18位数的整数 N 在一定数量的迭代之后都没有产生回文数的百分比，我们（暂时）将它们看做利克瑞尔数（参见 http://www.jasondoucette.com/worldrecords.html）。

这些图表是否能对必然回文数猜想提出足够严谨的预测？从 196 开始经过数亿次计算仍然没有产生回文数，这一事实是否可以说明 196 永远不会产生回文数呢？我们倾向于回答：是！然而面对剩下的无穷次迭代，完成一次计算又显得那么微不足道。人们很难承认回文数就此不会出现，在剩下的无限计算中，很难说这不大可能。对 196 无法下结论，这种情况当然也会延伸至目前尚未产生回文数的所有数字。于是，尽管表面上利克瑞尔数的比例规则且明显增加，也不能"严谨地"断言回文数猜想"大概不成立"。

有人开展了一系列倒置相加的补充计算，来确定要达到回文数所需的最大迭代次数。之前看过的数字 89 是个特例，在所有小于 10 000 且被证明能够产生回文数的数字中，89 是产生回文数最慢的数字（24 步计算）。

"利克斯尔数比例"右边的表格给出了至今已知最长时间，以及拥有该纪录的数字，依次按照 2 位数整数、3 位数整数等等排列（参见 http://www.jasondoucette.com/pal/89）。对 19 位数整数的计算尚未完成，还在等待一位智慧与耐心兼备的程序员来接受挑战。

如同利克瑞尔数列一样，这个表格是一个暂时结论：人们依然可以想象，对 196 持续计算能够产生一个回文数，这将会使 196 超过现今所有已知结果，成为新纪录。我们注意到，表格中达到回文数之前的计算过程都不长。经过数千小时的计算，目前的最高纪录也不过 261 步。计算时间越长，所处理的数字越大，计算出的结果是回文数的可能性越小。表格"试验性地"指出，回文数如果不能尽快出现，就很有可能压根再也不会出现了。

我们现在是否应该给出必然回文数猜想"大概不成立"的结论呢？我不确定，还是出于同样的基本原因：即便几率已经很小，而且还在继续减小，无限次地进行尝试仍有可能提高成功的几率，甚至确定成功。我知道，如果我长时间掷硬币，总能得到 100 次反面。

让我们将乐趣留给热衷于此的爱好者，用最新的计算机和演算方法进行分布式计算，将帮助他们满足自己的好奇心、继续这项略显不理性的研究。现在，我们来看看一系列通过计算机发现的新奇猜想。这些猜想和质数有关，早已激起了人们强烈的好奇。

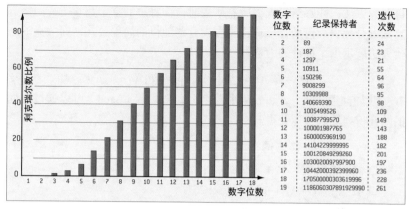

5 按照检测数字的位数列出的**利克瑞尔数比例**（左）以及若能产生回文数，之前所需迭代最大次数的纪录，也按照数字位数列出（右）。

质数数列

很多公式都可以计算得出质数，或是部分质数（公式可以产生质数，却不能生成所有质数），或是全部质数，结果按照升序排列也未尝不可。米纳克的公式有些复杂，却因为能准确给出第 n 个质数 $p(n)$ 而值得称道。

记号 $[x]$ 表示 x 的整数部分，$[7.321]=7$。于是我们有 $p(1) = 2, p(2) = 3$，$p(3) = 5$，$p(4) = 7$，$p(5) = 11$，$p(6) = 13$，$p(7) = 17$，等等。

对于 $n \geqslant 1$

$$p(n) = 1 + \left(\sum_{m=1}^{2^n} \left[\left[\frac{n}{1 + \left(\sum_{j=2}^{m} \left[\frac{(j-1)! + 1}{j} - \left[\frac{(j-1)!}{j} \right] \right] \right)} \right] \left(\frac{1}{n} \right) \right] \right)$$

遗憾的是，计算过程依赖于重要的中间计算步骤，这样的公式虽然出色，在实际应用中却毫无用处，在较大质数的计算中很难起到帮助作用。另外，这样的公式过于矫揉造作，隐藏了本可以不用公式而直接通过简单、有效的编程即可实现的质数计算算法。

于是在 2003 年，当伊利诺伊大学的马特·弗兰克发现了一种简单、自然的方法，能够给出大概所有质数时，他身边的整个数学研究团队都感到万分惊讶。借助计算机探索多少有些随机的简单公式，弗兰克的迭代方法展示出了神奇的力量：

$$f(1) = 7, f(n) = f(n-1) + \text{pgcd}(n, f(n-1))$$

我们回顾一下，a 和 b 两个数字最大公约数（pgcd）可以通过下面的欧几里得算法快速获得。

以 a=120，b=42 为例：

❑ 120 除以 42：120=42×2+36；

❑ 42 除以（余数）36：42=1×36+6；

❑ 36 除以 6：36=6×6+0。

最后一个非零余数 6 就是 120 和 42 的最大公约数。我们很容易验证 6 的确是 120 和 42 的公约数，并且是最大的公约数。

我们也可以用两个数字的质因数分解（120=2^3.3.5，42=2.3.7），取每个指数项的最小项得出两者最大公约数（2×3），但这样算没有欧几里得算法快。

弗兰克的迭代数列 $f(n)$ 逐步递增：$f(2) = 7 + \text{pgcd}(2, 7) = 8$；$f(3) = 8 + \text{pgcd}(3, 8) = 9$；$f(4) = 9 + \text{pgcd}(4, 9) = 10$；$f(5) = 10 + \text{pgcd}(5, 10) = 15$；依次类推。

观察连续两项之差 $f(n)-f(n-1)=\text{pgcd}(n, f(n-1))$ 会发现十分有趣的结果。结果常常是 1，很少有其他数字。这些差值构成了斯隆数列百科中的第 A132199 数列，依次是：

1,1,1,5,3,1,1,1,1,11,3,1,1,1,1,1,1,1,1,1,1,23,3,1,1,1,1,1,1,1,1,1,
1,1,1,1,1,1,1,1,1,1,1,1,47,3,1,5,3,1,1,1,1,1,1,1,1,1,1,1,1,1,1,1,
1,1,1,1,1,1,1,1,1,1,1,1,1,1,1,1,1,1,1,1,1,1,1,1,1,1,1,1,1,1,1,1,
1,1,1,101,3,1,7,1,1,1,1,11,3,1,1,1,1,1,13,1,1,1,1,1,1,1,1,1,1,1,
1,1,1,1,1,1,1,1,1,1,1,1,1,1,1,1,1,1,1,1,1,1,1,1,1,1,1,1,1,1,1,1,
1,1,1,1,1,1,1,1,1,1,1,1,1,1,1,1,1,1,1,1,1,1,1,1,1,1,1,1,1,1,1,1,
1,1,1,1,1,1,1,1,1,1,1,1,1,1,1,1,1,1,1,1,1,1,1,1,1,1,1,1,1,1,1,1,
1,1,1,1,1,1,1,1,1,1,233,3,1,1,1,1,1,1,1,1,1,1,1,1,1,1,1,1,1,1,1,
1,1,1,1,1,1,1,1,1,1,1,1,1,1,1,1,1,1,1,1,1,1,1,1,1,1,1,1,1,1,1,1,

1,1,1,1,1,1,1,1,1,1,1,1,1,1,1,1,1,1,1,1,1,1,1,1,1,1,1,1,1,1,1,1,1,1,1,1,1,1,1,
1,1,1,1,1,1,1,1,1,1,1,1,1,1,1,1,1,1,1,1,1,1,1,1,1,1,1,1,1,1,1,1,1,1,1,1,1,1,1,
1,1,1,1,1,1,1,1,1,1,1,1,1,1,1,1,1,1,1,1,1,1,1,1,1,1,1,1,1,1,1,1,1,1,1,1,1,1,1,
1,1,1,1,1,1,1,1,1,1,1,1,1,1,1,1,1,1,1,1,1,1,1,1,1,1,1,1,1,1,1,1,1,1,1,1,1,1,1,
1,1,1,1,1,1,1,1,1,1,1,1,1,1,1,1,1,1,1,1,1,1,1,1,1,1,467,3,1,5,3,1,1,1,1,
1,1,1,1,1,1,1,1,1,1,1,1,1,1,1,1,1,1,…

差值若不是 1，就是一个质数！去掉 1 的计算结果就给出了斯隆的 A13761 数列，仅包含质数：

5, 3, 11, 3, 23, 3, 47, 3, 5, 3, 101, 3, 7, 11, 3, 13, 233, 3, 467, 3, 5, 3, 941, 3, 7, 1889, 3, 3779, 3, 7559, 3, 13, 15 131, 3, 53, 3, 7, 30 323, 3, 60 647, 3, 5, 3, 101, 3, 121 403, 3, 242 807, 3, 5, 3, 19, 7, 5, 3, 47, 3, 37, 5, 3, 17, 3, 199, 53, 3, 29, 3, 486 041, 3, 7, 421, 23, 3, 972 533, 3, 577, 7, 1 945 649, 3, 163, 7, 3 891 467, 3, 5, 3, 127, 443, 3, 31, 7 783 541, 3, 7, 15 567 089, 3, 19, 29, 3, 5323, 7, 5, 3, 31 139 561, 3, 41, 3, 5, 3, 62 279 171, 3, 7, 83, 3, 19, 29, 3, 1103, 3, 5, 3, 13, 7, 124 559 609, 3, 107, 3, 911, 3, 249 120 239, 3, 11, 3, 7, 61, 37, 179, 3, 31, 19 051, 7, 3793, 23, 3, 5, 3, 6257, 3, 43, 11, 3, 13, 5, 3, 739, 37, 5, 3, 498 270 791, 3, 19, 11, 3, 41, 3, 5, 3, 996 541 661, 3, 7, 37, 5, 3, 67, 1 993 083 437, 3, 5, 3, 83, 3, 5, 3, 73, 157, 7, 5, 3, 13, 3 986 167 223, 3, 7, 73, 5, 3, 7, 37, 7, 11, 3, 13, 17, 3,…

持续的计算证实了在去掉 1 的数列中只有质数。于是，我们就有了一个简单而又出人意料的方法来生成一个质数列，其中很快会出现一些较大的质数。这项结论引出了：

马特·弗兰克猜想
数列 $f(n)-f(n-1)$ 仅包含 1 和质数。

所有的质数？

2008 年 1 月，这个公式和猜想发现五年之后，美国罗格斯大学数学系的埃里克·罗兰将其证明。马特·弗兰克猜想变成了埃里克·罗兰定理。罗兰还成功阐释了如果不从 $f(1)=7$ 开始的情况。在一段时间内，我们可能不会仅碰到 1 和质数，而是存在一个点（取决于代替 7 的数值），在其后只出现 1 和质数。

弗兰克的质数研究显示了只要等待足够长的时间，似乎除了 2 以外的所有质数都会出现。该方法给出的前 1000 个质数中，除了 2 之外缺失的最小质数是 191。除了 2 以外，该猜想可以得到所有质数的论断尚未被证明，这恐怕会成为比第一个更难证明的猜想。

埃里克·罗兰猜想
除了 2，所有质数都会在数列 $f(n)-f(n-1)$ 中出现。

受弗兰克数列启发，伯努瓦·克鲁瓦特在 2008 年提出并研究了其他一些数列。看吧，计算爱好者们有的忙了：试着推翻这些猜想，并顺着弗兰克揭开的灵感源泉提出新的猜想。旧的猜想还等待证明，新的猜想又将出现，数学家们必须赶紧着手寻找这些猜想的证明方法了！

人脑与计算机携手探索算术奥秘呈现出新的合作形态，若能就此更好地解答某些旧问题，届时，更多尚未被证明的崭新问题——更多猜想，便会应运而生。

↘ 6. 伯努瓦·克鲁瓦特数列

伯努瓦·克鲁瓦特受马特·弗兰克公式启发，研究了第一个迭代：$g(1) = 1$，$g(n) = g(n-1) + \mathrm{ppcm}(n, g(n-1))$，其中 $\mathrm{ppcm}(a, b)$ 表示 a 和 b 的最小公倍数，可以通过公式从最大公约数（pgcd）算出：$\mathrm{ppcm}(a, b) = ab/\mathrm{pgcd}(a, b)$。这个公式用质因数分解很容易证明。该数列的前几项是：1, 3, 6, 18, 108, 216, 1728, 3456, 6912, 41 472, 497 664, 995 328, 13 934 592, 27 869 184, …

令 $a(n) = [g(n)/g(n-1)] - 1$，得到 2, 1, 2, 5, 1, 7, 1, 1, 5, 11, 1, 13, 1, 5, 1, 17, 1, 19, 1, 1, 11, 23, 1, 5, 13, 1, 1, 29, …

如同弗兰克迭代的情况，这个数列是否只有 1 和质数，还有待严格证明。数字 3 从来不曾出现，似乎是唯一的缺失。克鲁瓦特正在探索一些更严谨的线索。

克鲁瓦特的另一个同类迭代也很有趣，也更加让人困惑：$h(1) = 1$，$h(n) = 2h(n-1) + \mathrm{ppcm}(n, h(n-1))$。

令 $b(n) = [h(n+1)/h(n)] - 2 = \mathrm{ppcm}(h(n), n)/h(n)$，得到 2, 3, 1, 1, 1, 7, 2, 1, 1, 11, 1, 1, 7, 1, 1, 17, 1, 1, 1, 7, 11, 2, 1, 1, 1, 7, 29, 1, 1, 2, 11, 17, 7, 1, 37, 1, 1, 1, 41, 7, 1, …

去掉其中的 1，有 2, 3, 7, 2, 11, 7, 17, 7, 11, 23, 7, 29, 2, 11, 17, 7, 37, 41, 7, 11,

---

23, 47, 17, 53, 29, 59, 67, 17, …

又一次只有质数。克鲁瓦特指出，大于7的缺失质数都是孪生质数的第二个元素，这十分奇怪。比如缺失的数字31，是孪生质数（29，31）的第二个元素。

一个有关质数列的最新发现颇值得一提。长期以来未被证明的普罗特-吉尔布雷斯猜想指出，当我们画出下面的表时，（除了第一行）每行的第一个数都是1。

我们在表的第一行写下质数列，然后第N行的计算就是对 $n-1$ 行的相邻两项做差，不考虑符号：

2	3	5	7	11	13	17	19	23...
1	2	2	4	2	4	2	4...	
1	0	2	2	2	2	2...		
1	2	0	0	0	0...			
1	2	0	0	0...				

人们不断对普罗特－吉尔布雷斯猜想进行深入研究，在1993年，安德鲁·奥德里克验证了前 3×10^{11} 行，真是了不起！

约瑟夫·佩用同样的思路，在第一行写了质数的平方。

他观察到在每一行的第一项中，质数远多于合数。

4	9	25	49	121	169	289	361	529	841	961...
5	16	24	72	48	120	72	168	312	120...	
11	8	48	24	72	48	96	144	192...		
3	40	24	48	24	48	48	48...			
37	16	24	24	24	0	0...				
21	8	0	0	24	0...					
13	8	0	24	24...						

于是他猜想："表格每一行的第一项是质数的概率大于二分之一"；准确地说："考虑前N行开头的数字，质数的数量总是大于合数数量。"比如，我们可以验证前1000行中有897行的开头是质数。其他检测也证实了该猜想，但目前，这个猜想比吉尔布雷斯猜想好不了多少，也没有得到证明。

点点滴滴的数字奇观

专业人士和业余爱好者对数学游戏之美看法不一，但是，数学游戏确实造就了不少难题，有些游戏的难度不亚于权威机构的严肃猜想。

数学家们很重视质数（只有 1 及其本身两个因数，如 13 或 19）、完全数（等于自身因数之和，如 6=1+2+3 或 28=1+2+4+7+14）、两个数字的平方和，以及其他一些数字。数百年甚至数千年以来，这些数字因其简单的数值或组合特性而备受关注，不但自身已被打上了贵族的标签，围绕这些数字的研究也颇受众人推崇。然而，其他类别的整数，可能仅仅因其定义的数值或组合特性才刚刚被发现，竟遭到数学家们嗤之以鼻。我们将把这一章节献给其中几个"身份低微"的数字。

不久前，艾利希·傅利曼才提出并研究了傅利曼数——能够仅用其所包含的数字通过加（＋）减（－）乘（×）除（÷）和乘方（x^y）五种运算得出自身结果的整数。例如 25=5^2、289=$(8+9)^2$、37 668=$6 \times 73 \times 86$、6455=$(6^4-5) \times 5$、43 691=$4^9/6+1/3$。

这里列出的第四个数字还具有一个特性，运算表达式中各个数的顺序和原数字中的顺序相同：这样的数字被叫作"好"傅利曼数（这个想法来自迈克·瑞德）。

当然，这两个定义依赖于十进制计数。我们将其推广至任意进制，称为 b 进制下的傅利曼数和 b 进制下的好傅利曼数。

以下是十进制下最前几个傅利曼数：25，121，125，126，127，128，153，216，289，343，347，625，688，736，1022，1024，1206，1255，1260，1285，1296，1395，1435，1503，1530，1792，1827，2048，2187，2349…（参见"前几个傅利曼数"或艾利希·傅利曼的网站）。找出一项公式，判断一个数字是否属于傅利曼数，这本身就是一个游戏。

1 吸血鬼长得酷似人类，却隐居在凡人之中。在数字世界里，人们用"吸血鬼"比喻如2187这样的数字，27和81就像是它的父母，相乘便得到吸血鬼数27×81=2187。这些吸血鬼悄悄地藏身在我们的数字系统中，仅有少数几个被发现。

本页插画是画家及作家尼尔·盖曼的作品。

我们可以在纸上演算，也可以编一个程序把任务交给计算机。若想将所有傅利曼数列出，没有计算机是不行的！

围绕傅利曼数产生了各种各样的问题，爱好者们组成了一个小社群来破解谜题，期间不乏遭遇种种困难。

▶ 2. 前几个傅利曼数

这里给出了这些数字的代数计算式。红色是好傅利曼数，其各位数字顺序在计算式中得以保持。

$25 = 5^2$	$121 = 11^2$	$125 = 5^{1+2}$	$126 = 6 \times 21$	$127 = -1 + 2^7$	$128 = 2^{8-1}$
$153 = 3 \times 51$	$216 = 6^{2+1}$	$289 = (8+9)^2$	$343 = (3+4)^3$	$347 = 7^3 + 4$	$625 = 5^{6-2}$
$688 = 8 \times 86$	$736 = 7 + 3^6$	$1022 = 2^{10} - 2$	$1024 = (4-2)^{10}$	$1206 = 6 \times 201$	$1255 = 5 \times 251$
$1260 = 6 \times 210$	$1285 = (1+2^9) \times 5$	$1296 = 6^{(9-1)/2}$	$1395 = 15 \times 93$	$1435 = 35 \times 41$	$1503 = 3 \times 501$
$1530 = 3 \times 510$	$1792 = 7 \times 2^{9-1}$	$1827 = 21 \times 87$	$2048 = 8^4/2 + 0$	$2187 = (2 + 1^8)^7$	$2349 = 29 \times 3^4$
$2500 = 50^2 + 0$	$2501 = 50^2 + 1$	$2502 = 2 + 50^2$	$2503 = 50^2 + 3$	$2504 = 50^2 + 4$	$2505 = 50^2 + 5$

泛数字数及单一重复数

使用一次且仅使用一次所有非零数的数字是很有意义的（尽管数量有限！），我们时常将其称为泛数字数。当然，最简单的就是 123 456 789 和 987 654 321。其中哪些是傅利曼数呢？菲利普·方达内什和艾利希·傅利曼指出，这两个最简单的泛数字数都是傅利曼数：123 456 789=$((86+2 \times 7)^5-91)/3^4$、987 654 321=$(8 \times (97+6/2)^5+1)/3^4$。我们还已知几十个其他例子。是否也有好傅利曼数呢？傅利曼给出了肯定回答：268 435 179=$-268+4^{(3 \times 5-1^7)}-9$。

重复同一个数的数字，比如 5555，能否得到一个傅利曼数（显然，如果可以，必定是一个好傅利曼数）？方达内什给出了肯定答案，并指出其中最小的是 99 999 999，等于 $(9+9/9)^{9-9/9}-9/9$。我们再给出几个这类数字：

11111111111=$((11-1)^{11}-1 \times 1)/(11-1-1)$；

$22222222222222 = (2((22-2)/2)^{2^{2+2-2}}-2)/(2+2/2)^2$;

$333333333 = ((3 \times 3+3/3)^{3 \times 3}-3/3)/3$;

$444444444444444 = (4(44/4-4/4)^{4 \times 4-4/4}-4)/(4+4+4/4)$;

$5555555555 = (5(5+5)^{5+5}-5)/(5+5-5/5)$; $6666666666666666 = (6((66-6)/6)^{6+(66-6)/6}-6)/$

$(6+(6+6+6)/6)$; $77777777777777 = (7((77-7)/7)^{7+7}-7+7-7)/(7+(7+7)/7)$;

$888888888888888 = (8((88-8)/8)^{8+8-(8+8)/8}-8)/(8+8/8)$.

更加有趣的是，布兰达姆·欧文证明了这样的数字有无穷多个，也同时证明了傅利曼数和好傅利曼数也有无穷多个。

这个巧妙的证明方法建立在一个奇怪的等式之上：

$$aaaa...a = \frac{a \times a}{(aa-a-a)} \times \left(\left(\frac{(aa-a)}{a}\right)^{A+(a+a+...+a)/a}-a/a\right)$$

$$A = \left((a+a+a+a+a)/a\right)^{(a+a)/a}-a/a$$

式子左边的数字由 n 个 a 构成，$n \geqslant 24$。

等式右边指数上的表达式 $a+a+\cdots+a$ 表示 $(n-24)$ 个 a，再加上另外出现的 24 个 a，总共正好是 n 次重复的 a：等号两边的确有相同数目的 a。

我们要仔细计算来证明这个等式：

$A = ((5a)/a)^{2a/a}-a/a = 5^2-1 = 24$，$a \times a/(aa-a-a) = a/9$，$(a+a+\cdots+a)/a = n-24$，$A+(a+a+\cdots+a)/a = n$，$(aa-a)/a = 10$。10 的幂减去 1 等于 999…9（包含 n 个 9），与 $a/9$ 分母上的 9 约分留下 $a \times 111\cdots1$（包含 n 个 1），即 $aaa\cdots a$（包含 n 个 a），这就是我们想要的结果。下面这个例子就是等号两边各有 25 个 7 的等式：$7777777777777777777777777 = (7 \times 7/(77-7-7))(((77-7)/7)^{A+(7)/7}-7/7)$，其中 $A = ((7+7+7+7+7)/7)^{(7+7)/7}-7/7$。

这个了不起的等式对所有 $n \geqslant 24$ 的情况都成立，且在任意 b 进制计数（$b>1$）下也成立。欧文的公式证明了在任意 b 进制计数下存在无穷多个傅利曼数（以及无穷多个好傅利曼数、无穷多个单数字傅利曼数）。能够动手算或用计算机计算是不错，但用参数和技巧推理则更高明！

欧文也证明了傅利曼数不会越来越少，相反，质数会随着整数值越来越大而密度趋于 0, 因为根据阿达玛和德·拉瓦莱普森在 1896 年证明的素数定理, n 附近的质数密度约为 $1/\ln(n)$。

我们已经知道,傅利曼数的密度至少是 $1/10^8$。证明方法仍然很简单。只需注意到对于任意数字 $N \geqslant 1$: $N12588304 = N \times 10^8 + 3548^2$ (例如 $55\,512\,588\,304 = 555 \times 10^8 + 3548^2$)。

该等式说明,超过 3548^2 以后,每 10^8 长的一段数字里就至少有一个傅利曼数,换句话说其极限密度至少为 $1/10^8$。

特性与猜想

这个等式同时指出了傅利曼数的另一个有趣特性:对于任意有限数字排列 $c_1 c_2 \cdots c_k$, 存在一个以 $c_1 c_2 \cdots c_k$ 开头的傅利曼数。伟大的波兰数学家瓦茨瓦夫·谢尔宾斯基(1882—1969)在 1959 年证明了一个关于质数的类似结论:对于任意给定的数字排列,存在一个以此开头的质数。另有一些等式指出,傅利曼数的极限密度大于等于 0.000011196。傅利曼认为可以再改进,并提出了极限密度为 1 的猜想。这就意味着(就像合数的情况一样),所取的数字越大,该数字就越有可能是傅利曼数,概率在无穷处变成 100%。谁能找出一个支撑这一假设的等式?

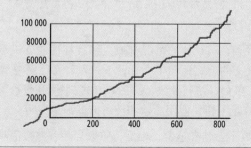

3. 傅利曼数的稀有性

小于 100 000 的傅利曼数有 837 个。我们在图中的横坐标上画出所有傅利曼数,纵坐标是它们的数值。图线中平坦部分对应着连续的傅利曼数;突然跳跃的地方则对应着没有傅利曼数的区域。

我们注意到,即使这个猜想成立,也不能说注定找不到任意大却不是傅利曼数的数字。其实很简单,因为对于 $n \geqslant 1$, 10^n 就不是傅利曼数。

对于确切的幂,我们通过试验看到对于 $n > 9$, 任意 2^n 形式的数字都是傅利曼数。真的是这样吗?是否有简单的证明方法?对于 5 的幂似乎也有类似的结果。最终，乌尔里希·施默克提出猜想：对于任意非 10^m 形式的数字 k，存在一个点使得超过这一点的所有 k^n 形式的数字都是傅利曼数。又一次，我们需要等待证明的出现。

傅利曼质数很少见。最小的十个数是：127、347、2503、12 101、12 107、12 109、15 629、15 641、15 661 和 15 667。罗恩·卡敏斯基已经证明傅利曼质数尽管少见，其数量却是无穷的。卡敏斯基的证明思路源自古斯塔夫·狄利克雷（1805—1859）定理，该定理指出在任意算术级数 $an+b$ 中（n 从 0 到无穷，且 a 与 b 无公约数），都能找到无穷多个质数。例如，按照该定理，$6n+1$ 或 $12n+5$ 中存在无穷多个质数。

那么算术级数 $n10^{14}+19\ 683=n \times 10^{6+8}+3^9+0+0+0+0+0+0+0+0$ 的所有数字都是傅利曼数。因此：$44\ 400\ 000\ 000\ 019\ 683=444 \times 10^{6+8}+3^9+0+0+0+0+0+0+0+0$。由于 10^{14} 与 19 683 没有公约数，其中就有无穷多个质数，即无穷多个傅利曼质数。

傅利曼还提出一个结论：我们可以找到尽可能长的连续傅利曼数列（请自己证明或参见其网页），由此引发另一个推论：对于任意有限数字排列 $c_1c_2\cdots c_k$，存在一个以 $c_1c_2\cdots c_k$ 结尾的傅利曼数。

在特殊的傅利曼数中，有一些被称为"吸血鬼数"。就像数字1260，可以写成两个一半长度的数字乘积形式，乘积的因数又用到原来的数字：$1260=21 \times 60$。因数（例子中的 21 和 60）则被称为"吸血鬼獠牙"。为了不让问题变得过于简单，我们不考虑两个獠牙数由一系列零结尾的情况（$126\ 000=210 \times 600$ 不构成吸血鬼数）。

↘ 4. 罗马傅利曼数

罗伯特·哈珀尔伯格发明了这些数字。乘号记作*，指数还是用原来的表示方法。

罗马傅利曼数

VIII = IV•II	XVIII = IV•II + X	XXVII = IX•(X/V − I)	XXVIII = IV•II + XX
XXXIII = XI•(X/X + II)	XXXVI = VI^XXX	XXXVII = IX•(X/V − I) + X	XXXVIII = IV•II + XXX
XLIV = L − V + I^X	XLVI = L − X/V−II	XLVII = L − X/V + X	XLVIII = IV•II + XL
XLIX = L − I^IX	LVIII = IV • II + L	LXVII = IV•II + LX	LXXV = L•XV / X
LXXVI = L• XV / X + I	LXXVII = L• XV / X + II	LXXVIII = IV•II + LXX	LXXXI = IX^X•XL
LXXXII = IX^X•XL + I	LXXXIII = IX^X•XL + II	LXXXV = L•XV / X + X	LXXXVI = L•XV / X + XI
LXXXVII = L•XV / X + XII	LXXXVIII = IV • II + LXXX	LXXXIX = X•(X − I^X) − X/X	XCIV = C − V − I^X
XCVI = C − V + I^X	XCVII = C − X/V + I + I	XCVIII = IV•II + XC	XCIX = C − I^XX

前几个吸血鬼数是 1260、1395、1435、1530、1827、2187、6880、102 510、104 260、105 210、105 264、105 750、108 135、110 758、115 672、116 725、117 067、118 440、120 600、123 354、124 483、125 248、125 433、125 460、125 460、125 500、126 027、126 846、129 640。

→ 5. 吸血鬼数

位数	吸血鬼数比例	至少有 f 副獠牙的吸血鬼数的数量				
		$f = 1$	$f = 2$	$f = 3$	$f = 4$	$f = 5$
4	1/1286	7	0	0	0	0
6	1/6081	148	1	0	0	0
8	1/27881	3228	14	1	0	0
10	1/82984	108454	172	0	0	0
12	1/204980	4390670	2998	13	0	0
14	1/431813	208423682	72630	140	3	1

吸血鬼数指如同1260一样的整数，可以写成两个一半长度的数字乘积形式，乘积的因数（吸血鬼獠牙）又会用到原来的数字：1260=21×60。若吸血鬼数有两种不同的写法，我们就说它有两副獠牙，比如125 460=204×615 = 246×510。

四位数（长度为4）的吸血鬼数有7个，长度为6的有148个，依次类推。皮特·哈雷找出吸血鬼数一条有用的特性。若 xy（x 和 y 连起来）是一个吸血鬼数，则 $xy \equiv x + y \pmod 9$，即 xy 除以9的余数和 $x+y$ 除以9的余数相同[1]。让我们来证明：将 x 十进制各位数字之和记作 $d(x)$。我们知道 $d(x) \bmod 9 = x \bmod 9$（这是因为 $10 = 1 \bmod 9$、$100 = 1 \bmod 9$ 等等，即证明"去九法"所用的推理）。

若 xy 是吸血鬼数，根据定义有 $d(xy) = d(x) + d(y)$，于是有：$(xy) \bmod 9 = d(xy) \bmod 9 = (d(x)+d(y)) \bmod 9 = (d(x) \bmod 9 + d(y) \bmod 9) \bmod 9 = ((x \bmod 9) + (y \bmod 9)) \bmod 9 = (x + y) \bmod 9$。

这个结论减少了找寻吸血鬼数时所需考察情况的数量。若要 $(x \quad y)$ 是一个吸血鬼数，则需要 $(x \bmod 9)(y \bmod 9) = x \bmod 9 + y \bmod 9$。在 $(x \bmod 9,\ y \bmod 9)$ 的81种组合中，只有六对满足所求条件：$(0, 0)$、$(2, 2)$、$(3, 6)$、$(5, 8)$、$(6, 3)$、$(8, 5)$。这样不用计算就可以排除百分之九十以上的情况。

注1　mod 为同余符号。——译者注

一个吸血鬼数有时可以拥有好几副獠牙。其中最小的例子是 125 460 = 204 × 615 = 246 × 510。拥有三副獠牙的最小数是 13 078 260 = 1620 × 8073 = 1863 × 7020 = 2070 × 6318，等等。詹斯·安德森更是给出了一个极端情况，70 位数的数 1 067 781 345 046 160 692 992 979 584 215 948 335 363 056 972 783 128 881 420 721 375 504 640 具有惊人地獠牙数量（100 025 副），其中第一副是 1 067 848 081 094 217 464 565 739 302 522 649 × 99 993 750 417 382 556 182 683 103 817 340 672。

　　我们通过创立包含参数 k 的公式，并对每个 k 值给出一个吸血鬼数，以此来证明存在无穷多个吸血鬼数。

　　请看一个公式：$[25 × 10^k + 1][100(10^{k+1} + 52)/25] = 8 (26+5 × 10^k)(1 + 25 × 10^k)$。$k=2$ 的例子有 $2501 × 4208= 10\ 524\ 208$。两位数、四位数、六位数、……十四位数的吸血鬼数的数量由以下数列给出：0，7，148，3228，108 454，4 390 670，208 423 682，该数列也被收录在内尔·斯隆数字百科全书中，编号 A048935：http://oeis.org。

水仙花数

　　b 进制下的水仙花数是其所有 k 位数字的 k 次方和等于其本身的数字。数字 153 就是十进制下的水仙花数，它的三位数满足：$153=1^3+5^3+3^3$。十进制下，仅存在另外三个三位数的水仙花数：$370 = 3^3 + 7^3 + 0^3$、$371 = 3^3 + 7^3 + 1^3$、$407 = 4^3 + 0^3 + 7^3$。

　　在给定的进制下，只有有限数量的水仙花数。其实，在 b 进制下，一个 k 位数的各位数字 k 次方和小于 $k(b-1)^k$。若 k 足够大，则 $k(b-1)^k < b^{k-1}$，于是一旦满足该不等式，b 进制下的任何水仙花数都不能包含超过 k 位数。温特在 1985 年证明在十进制下有 88 个水仙花数，其中最大的有 39 位数，是 11 513 221 901 876 399 256 509 559 797 397 522 401。

　　通过编程找到这个结果需要一些技巧，因为即使最强大的计算机或计算机网络，也无法验算直到 10^{60} 的所有数字（根据之前的推理，10^{60} 是一个界限，之后不可能再有水仙花数）。

　　下面是有 1、3、……10 位数字的水仙花数数列：0、1、2、3、4、5、6、7、8、

9；153、370、371、407；1634、8208、9474；54 748、92 727、93 084；548 834；1 741 725、4 210 818、9 800 817、9 926 315；24 678 050、24 678 051、88 593 477；146 511 208、472 335 975、534 494 836、912 985 153；4 679 307 774。

英国数学家戈弗雷·哈代（1877—1947）在其著作《一个数学家的辩白》（*A Mathematician's Apology*）中明确表达了自己对水仙花数的看法，他认为这种数字毫无意义："只有四个大于1的数字等于其各位数字的立方和。这的确很奇特，适合开个问题专栏，让业余爱好者消磨时光，但这类数字本身并没有任何让数学家感兴趣之处。"

很难理解，为什么一些奇特的问题会遭到如此蔑视，而另一些更荒谬的算术问题却令一代一代的数学家倾注心血，比如费马大定理，几个世纪以来耗费了人们那么多精力，直到 1995 年才被安德鲁·威尔斯解答。谁能断定，阐明水仙花数或其他问题的理论就不能像费马大定理衍生出的那些理论一样美妙而富有应用潜力呢？

6. 平方根水仙花数

我们重新审视一下好傅利曼数的定义。普通傅利曼数的表达式中用的是仅由该数所包含的数字不重复组合而成的整数。

这些数字通过加、减、乘、除、整数次方这五种算术运算组合。

在好傅利曼数中，运算还要按照数字原本出现的顺序进行。

水仙花数在傅利曼数允许的五种运算之外又加上了平方根运算（$\sqrt{\ }$）。

科林·罗斯研究了那些必须用到平方根号的数字（其实尚不属于好傅利曼数一类），将其称为"平方根水仙花数"。它们数量有限（参见附图），10 000 以内只有12个。

$$729 = (7+2)^{\sqrt{9}}$$

$$1296 = \sqrt{\sqrt[\sqrt[9]{2}]{6}} = \sqrt[\frac{1}{2^{\sqrt{9}}}]{6} = \sqrt{\sqrt{\sqrt{\sqrt{\sqrt{\sqrt{\sqrt{\sqrt{\sqrt[\frac{1}{2^9}]{6}}}}}}}}}$$

$$1764 = (1 \times 7 \times 6)^{\sqrt{4}}$$

$$2378 = -23 + \sqrt{7^8}$$

$$2744 = \sqrt{2 \times 7}^{\sqrt{4}+4}$$

$$2746 = 2 + \sqrt{7\sqrt{4}}^4$$

$$3645 = \sqrt{3^{6\sqrt{4}}}\,5 = \sqrt{\sqrt{3^{6\times 4}}}\,5$$

$$4372 = \sqrt{4}3^7 - 2 = -\sqrt{4} + (3^7 \times 2)$$

$$4374 = \sqrt{4\sqrt{3^{7^4}}} = \sqrt{\sqrt{4 \times 3^{7\sqrt{4}}}} = 4 \times 3^7/\sqrt{4}$$

$$4913 = (\sqrt{49}-1)^3$$

$$5184 = \sqrt{5+1}^8\,4$$

$$6495 = (6^4 + \sqrt{9})5$$

平方根数

　　我们在五种运算之外再加上平方根运算（$\sqrt{}$），重新审视好傅利曼数的定义。我们得到一个颇具难度的概念，如果需要多次使用平方根符号，会让编程寻解的历程变得更艰难。科林·罗斯研究了必须使用平方根号的数字，并将其称为"平方根水仙花数"。它们数量不多，其中最小的是 729。巧合的是，柏拉图在《理想国》一书中称，正义的国王比暴君幸福 729 倍！

　　小于 10 000 的平方根水仙花数只有 14 个。当然，还可能有其他类别的数字。一定会有！因此，算术问题爱好者在探索数字世界时能够获得无穷的乐趣，而人们也必须具备无穷增长的计算能力，才能开动计算机寻觅、收集这些非物质的珍宝。

参考文献

第一章　平面上的几何艺术

1. 不可能！你确信吗？

A. Aronsson, *Impossible Figures*, 2014 : http://andreasaronsson.com/impossible-figures/

S. Macknik et S. Martinez-Conde, *Sculpting the Impossible : Solid Renditions of Visual Illusions, Scientific American Mind*, 22:22-24, 2011.

P. Varley, R. Martin et H. Suzuki, *Can Machine Interpret Line Drawings ? Eurographics Workshop on Sketch-Based Interfaces and Modeling*, J. Hughes, J. Jorge Editors, 2004 : sketch.inesc.pt/sbm04/papers/12.pdf

G. Savransky, D. Dimerman et G. Gotsman, *Modeling and Rendering Escher-Like Impossible Scenes, Computer Graphics*, 18/2:173-179, 1999 : http://citeseerx.ist.psu.edu/viewdoc/download?doi=10.1.1.98.6523&rep=rep1&type=pdf

D. Simanek, *Adding depth to illusion*, 1996 : www.lhup.edu/~dsimanek/3d/illus2.htm

B. Ernst, *L'aventure des figures impossibles*, Taschen, Paris, 1990.

D.L. Waltz, *Understanding line drawings of scenes with shadows, The Psychology of Computer Vision*, 19:91-97, 1975.

L. et R. Penrose, *Impossible objects : A Special Type of Visual Illusion, British Jour. of Psychology*, 49/1:31-33, 1958.

G. Elber, *Escher for Real and Beyond Escher for Real* : http://www.cs.technion.ac.il/~gershon/EscherForReal/

http://www.cs.technion.ac.il/~gershon/BeyondEscherForReal/

C. Khoh et P. Kovesi, *Animating Impossible Objects* : http://www.csse.uwa.edu.au/~pk/Impossible/impossible.html

2. 无穷与不可能

D. Caudron, *Impossible mais visible*, 2014 : http://oncle.dom.pagesperso-orange.fr/art/impossible/impossible.htm

J.-F. Colonna, *Structures impossibles*, Lactamme, Polytechnique, 2014 :
http://www.lactamme.polytechnique.fr/Mosaic/descripteurs/ImpossibleStructures.01.Ang.html

J. Leys, *Impossible Geometry, 2014* : http://www.josleys.com/show_gallery.

php?galid=232

C. Browne, *Impossible Fractals*, 2007 : http://eprints.qut.edu.
au/15013/1/15013.pdf

3. 三角形几何学远未消亡！

数学游戏专家埃德·派格曾告诉我，本章节图 5 中的图形早在 1991 年（N=5
和 N=6 的情况）和 2006 年（N=7 的情况）就已被发现。上述图形源自对海
尔布隆三角形的研究工作。请参见以下韦斯坦所著书目。

E. Weisstein, *Heilbronn Triangle Problem*, 2014 : http://mathworld.wolfram.
com/HeilbronnTriangleProblem.html

F. De Comité, J.-P. Delahaye, *Automated Proof in Geometry: Computing
Upper Bounds for the Heilbronn Problem for Triangle, Geombinatorics Quaterly,*
20/2:21-26, 2010 : http://arxiv.org/pdf/0911.4375v3.pdf

A. Soifer, *How Does One Cut a Triangle ?* Springer, 2009.

M. Kahle, *Points in a Triangle Forcing Small Triangles, Geombinatorics Quaterly,*
18/3:114-128, 2009.

Ch. Audet, P. Hansen et F. Messine, *La saga des trois petits octogones, Pour la
Science,* 380, 62-68, 2009.

Collectif, Le triangle : Trois points c'est tout, Bibliothèque Tangente, Éditions
Pole, 2005.

Y. Sortais et R. Sortais, *La géométrie du triangle,* Hermann, 1997.

4. 披萨数学家

G. Frederickson, *The Proof is in the Pizza, Math. Mag,* 85:26-33, 2012.

K. Knauer, P. Micek et T. Ueckerdt, *How to eat 4/9 of a pizza, Discrete
Mathematics,* 311/16:1635–1645, 2011 : http://arxiv.org/abs/0812.2870

R. Mabry et P. Deiermann, *Of Cheese and Crust : A Proof of the Pizza Conjecture,
The American Mathematical Monthly,* 116:423-438, 2009 : http://www.lsus.
edu/sc/math/rmabry/pizza/Pizza_Conjecture.pdf

J. Cibulka *et al., Solution of Peter's Winkler Pizza Problem,* dans IWOCA 2009,
Lecture Notes in Computer Science n° 5874, *Springer,* 356-367, 2009.

J. Hirschhorn *et al., The Pizza Theorem* in *Austral. Math. Soc. Gaz.,* 26:120-121,
1999 :http://web.maths.unsw.edu.au/~mikeh/webpapers/paper57.pdf

J. Konhauser *et al., Which Way Did the Bicycle Go ?, Mathematical Association of
America,* 1996.

L. Carter et S. Wagon, *Proof Without Words : Fair Allocation of a Pizza, Math.
Mag.,* 67:267, 1994.

5. 七巧板

Ph. Moutou, *Le Tangram*, 2014 : http://mathadomicile.fr/Puzzles/appletPolygen/AppletPolGen.html

R. Read, *The Snug Tangram Number and Some Other Contributions to the Corpus of Mathematical Trivia, Bull. Inst. Comb. Appl.*, 40:31-39, 2004.

J. Slocum, *The Tao of Tangram*, Barnes & Noble, 2001.

J. Botermans *et al.*, *The World of Games : Their Origins and History, How to Play Them, and How to Make Them*, Facts on File, 1989.

M. Gardner, *Mathematical Games. On the Fanciful History and the Creative Challenges of the Puzzle Game of* Tangrams, *Scientific American*, 98-103, août 1974.

M. Gardner, *More on* Tangrams, *Scientific American*, 187-191, septembre 1974.

S. Loyd, *Sam Loyd's Book of Tangram Puzzles. The 8th Book of Tan*, 1903. Nouvelle édition, Dover Pub, 1968.

F. T. Wang, *A Theorem on the Tangram*, *The American Mathematical Monthly*, 49/9:596-599, 1942.

第二章　三维空间的游戏

1. 两位数学雕塑家

B. Grossman, *Bathsheba Sculptures*, 2014 : http://www.bathsheba.com/

G. Hart, *Rapid Prototyping Web page*, 2014 : http://www.georgehart.com/rp/rp.html

G. Hart, *4D Polytope Projection Models by 3D Printing* 2014 : http://www.georgehart.com/hyperspace/hart-120-cell.html

G. Hart, *Creating a mathematical museum on your desk*, *Mathematical Intelligencer*, 27:4, 2005 :www.georgehart.com/MathIntel/Mathematical-Museum.doc

G. Hart, *Solid-segment sculptures*, *Proc. Colloque on Math and Arts*, Maubeuge, France, septembre 2000.

2. 最大悬空问题

B. Polster *et al.*, *A Case of Countinuous Hangover*, *The American Mathematical Monthly*, 19/2:132-139, 2012.

M. Paterson et U. Zwick, *Overhang*, *The American Mathematical Monthly*, 116:763-787, 2009.

M. Paterson et U. Zwick, *Overhang*, *Proceedings of the 17th Annual ACM-SIAM Symposium on Discrete Algorithms*, 231-240, 2006.

J. F. Hall, *Fun with Stacking Blocks*, *American Journal of Physics*, 73/12:1107-

1116, 2005.

M. Gardner, *Mathematical games : Some Paradoxes and Puzzles Involving Infinite Series and theCconcept of Limit*, Scientific American, 126-133, novembre 1964.

J. G. Coffin, *Problem 3009*, *The American Mathematical Monthly* 30/2:76-78, 1923.

3. 皮亚特·海恩的 27 个小方块

T. Bundgaard, SOMA, 2014 : http://www.fam-bundgaard.dk/SOMA/SOMA.HTM

H. Alt *et al.*, *Wooden Geometric Puzzles : Design and Hardness Proofs, Theory Comput. Syst.*, 44:160-174, 2009.

I. Verner, *Robot Manipulations: A Synergy of Visualization, Computation and Action for Spatial Instruction*, International Journal of Computers for Mathematical Learning 9:213-234, 2004.

E. Berlekamp *et al.*, *Winning Ways for Your Mathematical Plays*, V2, Ch. 24 , Academic Press, 1982, Nouvelle édition : A. K. Peter, 2003.

J. Reeve et G. Nix, *Expressing Intrinsic Motivation Through Acts of Exploration and Facial Displays of Interest in Motivation and Emotion*, 21/3 : 237-250, 1997.

M. Gardner, *The Soma Cube* in *The Second Scientific American Book of Mathematical Puzzles and Diversions*, Ch. 6, Simon and Schuster, New York, 1961.

M. Gardner, *Mathematical Games : A Game in Which Standard Pieces Composed of Cubes are Assembled into Larger Forms*, Scientific American, 199:182-192, septembre 1958.

4. 挂画问题

E. Demaine *et al.*, *Picture-Hanging Puzzles*, Proceedings of the 6th International Conference on Fun with Algorithms, 2012, Lecture Notes in *Computer Science*, Venice, Italy, June 4-6, 2012 : http://arxiv.org/pdf/1203.3602v1.pdf

A. Spivak, *Brainteasers B 201 : Strange Painting*, Quantum, 13, mai-juin 1997.

5. 魔方：不超过 20 步！

Francocube, 2014 : http://www.francocube.com
Cubeland, 2014 : http://cubeland.free.fr/indexfr.html
Site officiel du cube de Rubik, 2014 : http://www.rubiks.com/
World Cube Association, 2014 : http://www.worldcubeassociation.org/index.php

Wikipedia, *Optimal solutions for Rubik's Cube, 2014* :
http://en.wikipedia.org/wiki/Optimal_solutions_for_Rubik's_Cube

T. Rokicki, *Twenty-two moves suffices for the Rubik's cube, The Mathematical Intelligencer*, 32/1:33-40, 2010 : http://www.springerlink.com/content/q088143tn805k124/fulltext.pdf

T. Rokicki *et al.*, *God's Number is 20*, 2010 : http://www.cube20.org/

J. Slocum, *Le cube. Le guide définitif du puzzle le plus vendu au monde*, Edition Pole, 2010.

J. Slocum, *The Cube. The Ultimate Guide to the World's Bestselling Puzzle*, Black Dog & Leventhal Publisher Inc., 2009.

D. Joyner, *Adventures in Group Theory : Rubik's Cube, Merlin's Magic and Other Mathematical Toys*, The Johns Hopkins University Press, 2008.

第三章 几何与算术的桥梁

1. 矩形的乐趣

S. Anderson, *Tiling by squares*, 2014 : www.squaring.net/index.html

B. Sury, *Group theory and Tiling Problems, Symmetry : A Multi-Disciplinary Perspective*, 16:97-117, 2011.

F. Ardila et R. Stanley, *Tilings, The Mathematical Intelligencer*, 32/4:32-43, 2010.

C. Freiling *et al.*, *Rectangling a Rectangle, Discrete & Computational Geometry*, 17/2 :217-225, 1997.

M. Reid, *Tiling Rectangles and Half Strips with Congruent Polyominoes, Journal of Combinatorial Theory*, 80/1:106-123, 1997.

J. H. Conway et J. C. Lagarias, *Tiling with Polyominoes and Combinatorial Group Theory, Journal of Combinatorial Theory*, 53 :183-208, 1990.

S. Wagon, *Fourteen Proofs of a Result About Tiling a Rectangle, The American Mathematical Monthly*, 94:601-617, 1987.

2. 数字自动机

É. Angelini, site personnel, 2014 : www.cetteadressecomportecinquantesignes.com/

É. Angelini, pages de résultats sur *SoupAutomat*, 2014 : www.cetteadressecomportecinquantesignes.com/AutomateNBR01.htm

G. Esposito-Farèse, page permettant de jouer à *SoupAutomat*, 2014 : www.gef.free.fr/automate.php

F. Buss, *Programme pour calculer un grand nombre de générations de SoupAutomat*, 2014 : www.frank-buss.de/automaton/SoupAutomat/

M. Cook, *Universality in Elementary Cellular Automata, Complex Systems*, 15:1-40, 2004.

3. 萌芽游戏

J. Lemoine et S. Viennot, *Combinatorial Game Solver, Records, Programs & Publications*, 2014 : http://sprouts.tuxfamily.org/wiki/doku.php?id=home

G. Cairns et K. Chartarrayawadee, *Brussels Sprouts and Cloves, Mathematics Magazine*, 46-58, février 2007.

R. Focardi et F. L. Luccio, *A modular approach to sprouts, Discrete Applied Mathematics*, 144/3:303-319, 2004.

E.R. Berlekamp, J.H. Conway et R.K. Guy, *Winning Ways for your Mathematical Plays*, vol. 2, Academic Press, Nouvelle édition en 2003.

D. Applegate, G. Jacobson et D. Sleator, *Computer Analysis of Sprouts, Tech. Report CMU-CS-91-144*, Carnegie Mellon Univ., 1991.

M. Gardner, *Mathematical games : Sprouts and Brussels Sprouts, Games With a Topological Flavor, Scientific American*, 217, juillet 1967.

4. 视觉密码学

Wikipedia, *Visual cryptography*, 2014 : http://en.wikipedia.org/wiki/Visual_cryptography

S. Cimato et C.-N. Yang, *Visual Cryptography and Secret Image Sharing*, CRC Press Inc., 2011.

M. Naor et A. Shamir, *Visual Cryptography*, 1-12, EUROCRYPT 1994 : www.wisdom.weizmann.ac.il/~naor/PUZZLES/visual_sol.html

5. 天使问题

Wikipedia, *Angel Problem*, 2014 : http://en.wikipedia.org/wiki/Angel_problem

O. Kloster, *A Solution to the Angel Problem, Theoretical Computer Science*, 389/1 :152-161, 2007 : http://home.broadpark.no/~oddvark/angel/Angel.pdf

A. Máthé, *The Angel of Power 2 wins, Combinatorics, Probability and Computing*, 16/3:363-374, 2007.

B. Bollobás et I. Leader, *The Angel and the Devil, Three Dimensions, Journal of Combinatorial Theory*, A113, 176-184, 2006.

B. Bowditch, *The Angel Game in the Plane, Combinatorics, Probability*, 16/3 :345-262, 2007:

J. Conway, *The Angel Problem* in R. Nowakowski, *Games of No Chance*, vol. 29 de MSRI *Publications*, 3-12, 1996.

P. Gács, *The Angel Wins*, 2006 : http://www.cs.bu.edu/~gacs/papers/angel.pdf

M. Kutz, A. PóR, *Angel, Devil, and King, Proceedings of* COCOON 2005, 925-934, 2005.

M. Gardner, *Knotted Doughnuts*, Freeman, ch 19, 1996.

E. Berlekamp, J. Conway, R. Guy, *Winning Ways for your Mathematical Plays*, vol 2 : *Games in Particular*, Academic Press, 1982.

第四章 整数的无穷奥秘

1. 跳格子游戏中的算术

H. Cohen et K. Belabas, logiciel PARI/GP, 2014 : http://pari.math.u-bordeaux.fr/

B. Cloitre, *Chemins dans un tableau arithmétique*, 2007 : http://www.les-mathematiques.net/articles/Chemins.pdf

C. Kimberling et H. Shultz, *Card Sorting by Dispersions and Fractal Sequences, Ars Combinatoria*, 53:209-218, 1999.

C. Kimberling, *Fractal Sequences and Interpersions, Ars Combinatoria*, 53:157-168, 1997.

2. 五花八门的数字收藏

D. Lignon, *Dictionnaire de (presque) tous les nombres entiers,* Ellipses, 2012.

P. Bentley, *The Book of Numbers,* Firefly Books, 2008.

A. Hodges, *One to Nine : The Inner Life of Numbers,* W.W. Norton & Co., 2008.

J.-M. de Konninck, *Ces nombres qui nous fascinent,* Ellipses, 2008.

J.-C. Bologne, *Une de perdue, dix de retrouvées*, Larousse, 1994, 2004.

S. Finch, *Mathematical Constants,* Cambridge University Press, 2003.

D. Wells, *Le dictionnaire Penguin des nombres curieux,* Eyrolles, 1995.

N. Sloane et S. Plouffe, *The Encyclopedia of Integer Sequences,* Academic Press, 1995.

P. Rézeau, *Petit dictionnaire des chiffres en toutes lettres*, Seuil, 1993.

J. Roberts, *Lure of the Integers, The Mathematical Association of America*, 1992.

F. Le Lionnais, *Les nombres remarquables*, Hermann, 1983.

3. 不同寻常的质数

Ch. Caldwell, *The Prime Pages* (records, listes diverses, etc.), 2014 : http://primes.utm.edu/

Ch. Caldwell et G. L. Honaker, *Prime Curios ! 2014* : http://primes.utm.edu/curios/

J. Moyer, *Some Prime Numbers* (listes de nombres premiers et programmes pour les calculer), 2014 : http://www.rsok.com/~jrm/printprimes.html

Wikipedia, *List of prime numbers* (des catégories particulières de nombres premiers) 2014 :http://en.wikipedia.org/wiki/List_of_prime_numbers

J.-P. Delahaye, *Merveilleux nombres premiers,* Pour la Science/Belin, 2000, et 2013 (réédition).

Chr. Caldwell et G. L. Honaker, *Prime Curios ! The Dictionary of Prime Number Trivia*, BookSurge, 2009.

4. 蜥蜴数列及其他发明

É. Angelini, *One, two, three... thousand Zeta functions !*, 2014 : http://www.cetteadressecomportecinquantesignes.com/ThousandZetas.htm

É. Angelini, *Decimation-like sequences,* 2014 : http://www.cetteadressecomportecinquantesignes.com/Decimation.htm

J.-P. Delahaye, *Des mots magiques infinis, Pour la Science*, 90-95, septembre 2006.

5. 令人困惑的猜想

Wikipedia, *Lychrel numbers,* 2014 : http://en.wikipedia.org/wiki/Lychrel_number.

Mathpage. *Digit Reversal Sums Leading to Palindromes*, 2-2008 : http://www.mathpages.com/home/kmath004.htm

Ch. W. Trigg, *Palindromes by Addition, Mathematics Magazine*, 40-1:26-28, 1967.

M. Gardner, *Mathematical Circus*, 242-245, 1979.

E. Rowland, *A Simple Prime-Generating Recurrence, Abstracts Amer. Math. Soc.*, 29-1, 2008, p. 50 (Abstract 1035-11-986) : http://arxiv.org/abs/0710.3217

B. Cloitre, *On sequence related to primes*, Communication personnelle, février 2008.

6. 点点滴滴的数字奇观

E. Weisstein, *Vampire Number,* MathWorld, 2014 : http://mathworld.wolfram.com/VampireNumber.html

C. Pretty, *Wild Narcissistic Numbers, 2014 :* http://www.numq.com/pwn/ http://www.numq.com/pwn/radicalnarcs.html

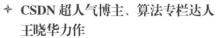